Normas sobre agua, saneamiento e higiene para escuelas en contextos de escasos recursos

Editado por:

John Adams, Jamie Bartram,
Yves Chartier, Jackie Sims

Catalogación por la Biblioteca de la OMS:

Normas sobre agua, saneamiento e higiene para escuelas en contextos de escasos recursos/ editado por John Adams ... [et al].

1.Abastecimiento de agua - normas. 2.Calidad del agua. 3.Saneamiento - normas. 4.Higiene - normas. 5.Servicios de salud escolar - organización y administración. 6.Vectores de enfermedades. 7.Política social. 8.Países en desarrollo. 9.Pautas. I.Adams, John. II.Bartram, Jamie. III.Chartier, Yves. IV.Sims, Jacqueline. V.World Health Organization.

ISBN 978 92 4 354779 4 (Clasificación NLM: WA 675)

© Organización Mundial de la Salud, 2010

Se reservan todos los derechos. Las publicaciones de la Organización Mundial de la Salud pueden solicitarse a Ediciones de la OMS, Organización Mundial de la Salud, 20 Avenue Appia, 1211 Ginebra 27, Suiza (tel.: +41 22 791 3264; fax: +41 22 791 4857; correo electrónico: bookorders@who.int). Las solicitudes de autorización para reproducir o traducir las publicaciones de la OMS - ya sea para la venta o para la distribución sin fines comerciales - deben dirigirse a Ediciones de la OMS, a la dirección precitada (fax: +41 22 791 4806; correo electrónico: permissions@who.int).

Las denominaciones empleadas en esta publicación y la forma en que aparecen presentados los datos que contiene no implican, por parte de la Organización Mundial de la Salud, juicio alguno sobre la condición jurídica de países, territorios, ciudades o zonas, o de sus autoridades, ni respecto del trazado de sus fronteras o límites. Las líneas discontinuas en los mapas representan de manera aproximada fronteras respecto de las cuales puede que no haya pleno acuerdo.

La mención de determinadas sociedades mercantiles o de nombres comerciales de ciertos productos no implica que la Organización Mundial de la Salud los apruebe o recomiende con preferencia a otros análogos. Salvo error u omisión, las denominaciones de productos patentados llevan letra inicial mayúscula.

La Organización Mundial de la Salud ha adoptado todas las precauciones razonables para verificar la información que figura en la presente publicación, no obstante lo cual, el material publicado se distribuye sin garantía de ningún tipo, ni explícita ni implícita. El lector es responsable de la interpretación y el uso que haga de ese material, y en ningún caso la Organización Mundial de la Salud podrá ser considerada responsable de daño alguno causado por su utilización.

Las opiniones expresadas en la presente publicación son responsabilidad exclusiva de los autores cuyo nombre se menciona.

Impreso en Panamá

Las fotografías de tapa son: niños en Paraguay (Vera, UNICEF), dos niñas lavándose las manos en Rwanda (Pirozzi, UNICEF), promoción de higiene en un salón de clases en Bolivia (Sumaj Huasi, UNICEF), dos niñas dirigiéndose a un bloque de baños en Rwanda (Pirozzi, UNICEF), niño frente a instalaciones de saneamiento en su escuela en Nicaragua (Trelles, UNICEF) y niña lavando sus manos en una escuelas rural en Guatemala (Water For People).

Resumen

Las enfermedades relacionadas con condiciones inadecuadas del suministro de agua, el saneamiento y la higiene representan una enorme carga para los países en desarrollo. Se estima que el 88 por ciento de las enfermedades diarreicas son causadas por el suministro de agua no apta para el consumo y por falta de saneamiento e higiene (OMS, 2004c). Muchas escuelas sirven a comunidades que tienen una alta prevalencia de enfermedades relacionadas con las condiciones inadecuadas del agua, el saneamiento y la higiene, y en las que son frecuentes la desnutrición infantil y otros problemas de salud subyacentes.

Muchas escuelas, en especial en zonas rurales, carecen completamente de agua de beber y de instalaciones sanitarias y para el lavado de manos y cuando estas instalaciones existen, suelen ser inadecuadas en calidad y en cantidad. Las escuelas con malas condiciones de agua, saneamiento e higiene y con intensos contactos interpersonales constituyen ambientes de alto riesgo para los alumnos y el personal y exacerban la susceptibilidad de los niños a los riesgos de salud ambiental.

La capacidad de los niños de aprender puede ser afectada de varias maneras por las malas condiciones de agua, saneamiento e higiene. Por ejemplo, pueden contraer infecciones helmínticas (que afectan a cientos de millones de niños en edad escolar), sufrir exposición de largo plazo a contaminantes químicos en el agua (como plomo y arsénico), o contraer enfermedades diarreicas y paludismo, todo lo cual los obliga a faltar a la escuela. Las malas condiciones ambientales del aula de clase también pueden hacer muy difícil la enseñanza y el aprendizaje.

Es probable que niñas y niños sean afectados de manera diferente por esas condiciones inadecuadas en las escuelas y esto puede contribuir a la desigualdad de las oportunidades de aprendizaje. A veces, las niñas y las maestras son más afectadas que los varones porque no pueden asistir a la escuela durante la menstruación debido a la falta de instalaciones sanitarias.

El ambiente político internacional refleja cada vez más estas cuestiones. Brindar condiciones adecuadas de abastecimiento de agua, saneamiento e higiene en las escuelas tiene relación directa con los Objetivos de Desarrollo del Milenio de las Naciones Unidas para alcanzar la educación primaria universal, promover la igualdad de género y reducir la mortalidad infantil. También favorece otros objetivos, en especial los relacionados con enfermedades de gran incidencia y con la mortalidad infantil.

Al mismo tiempo, el Proyecto del Milenio y el Secretario General de las Naciones Unidas han destacado la importancia de buscar "ganancias rápidas" mediante la prestación específica de servicios a escuelas y centros de atención de la salud.

Existen muchas directrices sobre agua, saneamiento e higiene en escuelas, pero se necesitan más directrices y normas para contextos de escasos recursos.

La elaboración y aplicación de políticas nacionales, las directrices para prácticas seguras y la capacitación y promoción de mensajes efectivos en un contexto de escuelas saludables reducirá el número de víctimas que causa la deficiencia del agua, el saneamiento y la higiene.

Estas directrices se refieren específicamente al agua, el saneamiento y la higiene y están pensadas para su uso en escuelas en contextos de escasos recursos y en países de bajos y medianos recursos, a fin de:

- evaluar las situaciones imperantes y planificar las mejoras necesarias;
- desarrollar y cumplir normas esenciales de seguridad como primer objetivo y
- apoyar el desarrollo y la aplicación de políticas nacionales.

Estas directrices están destinadas a autoridades y planificadores de la educación, arquitectos, urbanistas, técnicos de agua y saneamiento, personal docente, juntas escolares, comités comunales de educación, autoridades locales y otros organismos.

Tabla de contenido

Agradecimientos vii

Abreviaturas y siglas ix

1. **Introducción** 1
   1.1 Finalidad y alcance 1
   1.2 Fundamentos de política 1
   1.3 Destinatarios 2
   1.4 Contextos escolares 3
   1.5 Relación con las normas y los códigos nacionales 4

2. **Importancia de una prestación adecuada de servicios de agua, saneamiento e higiene en las escuelas** 5
   2.1 Prevención de enfermedades 5
   2.2 Aprendizaje 5
   2.3 Género y discapacidad 6
   2.4 La comunidad en general 6
   2.5 Habilidades para toda la vida 6

3. **Implementación** 7
   3.1 Marco normativo positivo 7
   3.2 Pasos para establecer y gestionar normas a nivel nacional, distrital y local 7
   3.3 Roles, responsabilidades y vínculos intersectoriales a nivel distrital y local ... 9
   3.4 Coordinación a nivel local 11
   3.5 Uso de las directrices para crear metas para entornos escolares específicos ... 11
   3.6 Evaluación y planificación 12
   3.7 Mejoras por etapas 13
   3.8 Selección, operación y mantenimiento de la tecnología 13
   3.9 Supervisión, revisión y corrección permanentes 14
   3.10 Requisitos y capacitación del personal 14
   3.11 Hábitos de higiene 15

4. **Directrices** 17
   4.1 Introducción 1
   4.2 Directrices 19

5. **Lista de verificación para evaluaciones** 39

Glosario 47

Referencias 49

Agradecimientos

Este texto fue editado por las siguientes personas:

John Adams
Profesor visitante,
Facultad de Medicina Tropical de Liverpool, Reino Unido

Jamie Bartram
Coordinador de la Sección de Agua, Saneamiento, Higiene y Salud,
Sede de la OMS, Ginebra, Suiza

Yves Chartier
Ingeniero de Salud Pública de la Sección de Agua, Saneamiento, Higiene y Salud,
Sede de la OMS, Ginebra, Suiza

Jackie Sims
Oficial técnico de la Sección de Agua, Saneamiento, Higiene y Salud,
Sede de la OMS, Ginebra, Suiza

La Organización Mundial de la Salud (OMS) y el Fondo de las Naciones Unidas para la Infancia (UNICEF) desean expresar su agradecimiento a todas aquellas personas cuyo esfuerzo hizo posible la producción de este documento. En particular, la OMS y UNICEF agradecen la contribución de los siguientes expertos que contribuyeron a formular y revisar estas directrices:

Therese Dooley
Asesora principal de la Sección de Agua, Ambiente y Saneamiento,
UNICEF, División de Programas
Nueva York 10017, Estados Unidos

Hazel Jones
Subdirectora de Programa del Centro de Agua, Ingeniería y Desarrollo de la Universidad de Loughborough, Leicestershire, Reino Unido

Kinoti Meme
Director de Educación y Capacitación,
Lifewater International, San Luis Obispo, California 93403, Estados Unidos

Annemarieke (Anna Maria) Mooijman
Consultora sobre temas de Agua, Saneamiento e Higiene,
Bunderstraat 15, 6231 EH Meerssen, Holanda

Dinesh Shrestha
Oficial principal de Agua y Saneamiento,
Oficina del Alto Comisionado de las Naciones Unidas para los Refugiados,
Ginebra, Suiza

Peter Van Maanen
Sección de Agua, Ambiente y Saneamiento
UNICEF, División de Programas
Nueva York 10017, Estados Unidos

Abreviaturas y siglas

DPD   DPD (N,N-dietil-p-fenilenediamina)

EMIS   Sistemas de Información sobre la Administración de la Educación
(Education Management Information System)

OMS   Organización Mundial de la Salud

ONU   Organización de las Naciones Unidas

UNESCO   Organización de las Naciones Unidas para la Educación, la Ciencia y la Cultura

UNICEF   Fondo de las Naciones Unidas para la Infancia

UNT   Unidad nefelométrica de turbiedad

WASH   Agua, Saneamiento e Higiene (Water, Sanitation and Hygiene)

x

1. Introducción

1.1. Finalidad y alcance

Estas directrices ofrecen una base para crear las condiciones mínimas necesarias a los efectos de brindar educación escolar en un ambiente saludable para los alumnos, los docentes y otros funcionarios. En la esfera del suministro de agua, saneamiento e higiene, pueden usarse para:

- elaborar normas nacionales específicas para diferentes tipos de escuelas en distintos contextos;
- desarrollar normas nacionales y fijar objetivos específicos a nivel local;
- evaluar la situación en las escuelas existentes, para identificar en qué grado estas escuelas no llegan a alcanzar las normas nacionales y los objetivos locales;
- planificar y realizar las mejoras necesarias;
- garantizar que la construcción de nuevas escuelas sea de calidad aceptable
- preparar y aplicar planes de acción integrales y realistas, para que se mantengan condiciones adecuadas.

Las directrices se ocupan específicamente del suministro de agua (calidad, cantidad y acceso), la promoción de la higiene, el saneamiento (calidad y acceso), el control de enfermedades transmitidas por vectores, la limpieza y disposición de residuos y el almacenamiento y la preparación de alimentos. Están concebidas para contextos de escasos recursos, donde medidas sencillas y económicas pueden mejorar significativamente la higiene y la salud.

La palabra "escuela" en este documento incluye escuelas primarias y secundarias, escuelas diurnas y con régimen de internado, escuelas urbanas y rurales y escuelas públicas y privadas. La característica común de todas las escuelas a las que se refiere este documento es la grave carencia de recursos para el desarrollo de infraestructura.

1.2. Fundamentos de política

Como se plantea en la Sección 2, la prestación adecuada de servicios de agua, saneamiento, higiene y manejo de residuos en las escuelas tiene varios efectos positivos, a saber:

- se reduce la carga de las enfermedades en los alumnos, el personal y sus familias;
- los niños sanos en ambientes saludables aprenden más y mejor;
- la igualdad de género en el acceso a la educación y la atención de necesidades;
- relacionadas con la higiene pueden verse incrementadas;
- se crean oportunidades educativas para promover ambientes seguros en el hogar y en la comunidad;
- los alumnos y alumnas pueden aprender y practicar conductas higiénicas positivas toda su vida.

Pese a estos importantes beneficios, los niveles de suministro de agua, saneamiento e higiene son inaceptables en muchas escuelas de todo el mundo. Los esfuerzos por aumentar la inscripción escolar han dado buenos resultados, pero por otro lado ha aumentado la cantidad de niños que no cuentan con agua, saneamiento e higiene en condiciones satisfactorias. En muchos países hay pruebas firmes y crecientes de la falta de agua potable, saneamiento e higiene en escuelas en contexto de escasos recursos.

El ambiente político internacional refleja cada vez más estas cuestiones. Brindar condiciones adecuadas de abastecimiento de agua, saneamiento e higiene en las escuelas tiene relación directa con los Objetivos de Desarrollo del Milenio de las Naciones Unidas para alcanzar la educación primaria universal, promover la igualdad de género y reducir la mortalidad infantil. También favorece otros objetivos, en especial los relacionados con enfermedades de gran incidencia y con la mortalidad infantil. Al mismo tiempo, el Proyecto del Milenio y el Secretario General de las Naciones Unidas han destacado la importancia de procurar "logros rápidos" mediante la prestación específica de servicios a escuelas y centros de atención de la salud. Los objetivos promovidos en la Visión 21 incluyen que el 80 por ciento de los alumnos de escuelas primarias reciban educación en higiene y que todas las escuelas estén equipadas con infraestructura adecuada de saneamiento y lavado de manos para el

2015 (WSSCC, 2000). La estrategia 8 del Marco de Acción de Dakar, elaborado en el Foro Mundial de Educación (2000), consiste en crear un entorno educativo seguro, sano, integrado y dotado de recursos distribuidos de modo equitativo (UNESCO, 2000).

Poner las políticas en práctica en este ámbito exige vínculos más fuertes entre los sectores profesionales de educación, salud, suministro de agua y saneamiento, planificación y construcción.

1.3. Destinatarios

Estas directrices están destinadas a autoridades y planificadores de la educación, arquitectos, urbanistas, técnicos de agua y saneamiento, personal docente, juntas escolares, comités comunales de educación, autoridades locales y otros organismos. Se alienta a estos grupos a trabajar en conjunto para fijar objetivos pertinentes, realizables y sostenibles relacionados con el agua, el saneamiento y la higiene en las escuelas.

1.4. Contextos escolares

Estas directrices fueron concebidas para situaciones de escasos recursos que requieren soluciones sencillas, resistentes y económicas para lograr ambientes escolares saludables. Se aplican a una variedad de contextos escolares. A continuación se presentan dos tipos de contexto: escuelas diurnas y escuelas con régimen de internado; que ejemplifican los problemas que hacen necesaria la creación de condiciones adecuadas de abastecimiento de agua, saneamiento e higiene.

Escuelas diurnas

Las escuelas diurnas que atienden a niños, niñas y adolescentes de 6 a 16 años de edad ofrecen actividades académicas y en muchos casos, recreativas para alumnos que regresan a su casa todos los días, pero que pueden comer en la escuela o cerca de ésta. Los alumnos y docentes de este tipo de escuela suelen padecer la falta de servicios básicos de suministro de agua, saneamiento e higiene, además de espacios exteriores inapropiados o peligrosos y aulas hacinadas y ruidosas, con mala iluminación, asientos inadecuados, calor o frío excesivos, humedad y mala calidad del aire. Es posible que falten fondos para mejorar las condiciones pero que haya un fuerte deseo y capacidad de cambio en el personal, los alumnos y los padres.

Escuelas con régimen de internado

Las escuelas con régimen de internado atienden a niños y niñas que, por diversas razones, no pueden volver a su hogar todos los días. En las escuelas con régimen de internado se ofrecen todas las comidas, alojamiento e instalaciones para la higiene personal. Por lo tanto, es de vital importancia que los servicios de agua, saneamiento e higiene sean adecuados. El riesgo de transmisión de enfermedades contagiosas es más elevado en estas escuelas debido a que se come, duerme y utiliza la infraestructura de saneamiento e higiene en forma colectiva. Sin embargo, es posible ofrecer estos servicios en condiciones adecuadas para todos los niños y niñas.

Todas las escuelas

Dentro de cada uno de estos tipos de contexto escolar, existen grandes variaciones en el acceso a los recursos financieros, institucionales y humanos y en las condiciones de suministro de agua, saneamiento e higiene. Las directrices de este documento están pensadas para ayudar a lograr condiciones aceptables en todas las escuelas, cualquiera sea su situación actual y su nivel de recursos. Existen medidas simples y de bajo costo que pueden mejorar incluso las peores situaciones y constituyen un primer paso hacia condiciones aceptables a largo plazo.

1.5. Relación con las normas y los códigos nacionales

Se pretende que estas directrices apoyen y complementen las normas y los códigos nacionales vigentes y no que los modifiquen ni los sustituyan (véase la Sección 3.2). Los lectores deberían tratar de identificar las normas nacionales pertinentes por medio de sus respectivos ministerios de salud, educación, ambiente, planificación o recursos naturales, o por medio de organismos profesionales y de capacitación.

2. Importancia de la prestación adecuada de servicios de agua, saneamiento e higiene en escuelas

2.1. Prevención de enfermedades

Las enfermedades relacionadas con condiciones inadecuadas del suministro de agua, el saneamiento y la higiene representan una enorme carga para los países en desarrollo. Se estima que el 88 por ciento de las enfermedades diarreicas son causadas por el suministro de agua no apta para el consumo y por falta de saneamiento e higiene (OMS, 2004c). Muchas escuelas sirven a comunidades que tienen una alta prevalencia de enfermedades relacionadas con condiciones inadecuadas del agua, el saneamiento y la higiene (en particular la falta de lavado de manos) y en las que son frecuentes la desnutrición infantil y otros problemas de salud subyacentes. Si todas las personas tuvieran acceso a agua corriente y saneamiento regulados en su vivienda, no se perderían 1.863 millones de jornadas escolares a causa de enfermedades diarreicas (OMS, 2004c).

Las escuelas, en particular las de zonas rurales, suelen carecer por completo de instalaciones de agua potable y saneamiento, o bien tienen instalaciones inadecuadas, tanto en calidad como en cantidad. Las escuelas con malas condiciones de agua, saneamiento e higiene y con intensos contactos interpersonales constituyen ambientes de alto riesgo para los alumnos y el personal y exacerban la susceptibilidad de los niños a los riesgos de salud ambiental.

Estas directrices pretenden ayudar a mejorar el suministro de agua, el saneamiento y las medidas de higiene en particular, sin dejar de reconocer la importancia de otras esferas de la salud ambiental, como la calidad del aire, la seguridad física y los vínculos con ellas.

2.2. Aprendizaje

La capacidad de los niños de aprender puede verse afectada de varias maneras. En primer lugar, las infecciones helmínticas, que afectan a cientos de millones de niños en edad escolar, pueden atrofiar su desarrollo físico y reducir su desarrollo cognitivo a causa del dolor y la incomodidad, la competencia del organismo con los parásitos por los nutrientes, la anemia y el daño a tejidos y órganos. La exposición prolongada a contaminantes químicos en el agua (por ejemplo, plomo y arsénico) también puede afectar la capacidad de aprendizaje. Las enfermedades diarreicas, el paludismo y las infecciones helmínticas obligan a muchos escolares a faltar a la escuela. Las malas condiciones ambientales del aula de clase también pueden hacer muy difícil la enseñanza y el aprendizaje. El efecto de las enfermedades en los docentes- en cuanto a desempeño e incremento del ausentismo- también tiene un impacto directo en el aprendizaje, lo que hace que el trabajo de los maestros sea más duro debido a las dificultades de los escolares para aprender.

2.3. Género y discapacidad

Es probable que niñas y niños sean afectados de manera diferente por las condiciones inadecuadas de abastecimiento de agua, saneamiento e higiene en las escuelas y esto puede contribuir a la desigualdad de las oportunidades de aprendizaje. Por ejemplo, la falta de retretes y lavatorios adecuados, separados, íntimos y seguros puede hacer que los padres se resistan a enviar a sus hijas a la escuela. Además, la carencia de instalaciones adecuadas para la higiene menstrual puede contribuir a que las niñas y adolescentes falten a clase e incluso abandonen la escuela al llegar a la pubertad. Y la falta de acceso a los retretes puede hacer que un niño discapacitado no coma ni beba en todo el día para no tener que ir al baño, lo que le ocasiona problemas de salud y a la larga lo hace abandonar la escuela.

2.4. La comunidad en general

Los niños que cuentan con condiciones adecuadas de suministro de agua, saneamiento e higiene en sus escuelas son más capaces de integrar la educación en higiene a su vida cotidiana y pueden ser mensajeros eficaces y agentes de cambio en su familia y su comunidad en general. Por el contrario, las comunidades cuyos niños están expuestos a enfermedades por las condiciones inadecuadas del suministro de agua, el saneamiento y la higiene en la escuela están, ellas mismas, en mayor riesgo. Las familias llevan la carga de las enfermedades de sus hijos e hijas debido a esas malas condiciones en la escuela.

2.5. Habilidades para toda la vida

Las habilidades y conductas de higiene que los niños y niñas aprenden en la escuela, posibilitadas por una combinación de educación en higiene e infraestructura adecuada de agua, saneamiento e higiene, forman hábitos que probablemente mantengan en toda su vida adulta y transmitan a sus propios hijos

3. Implementación

3.1. Marco normativo positivo

Se requieren políticas positivas en todas las esferas (nacional, distrital, local y escolar) para alentar y facilitar que se alcancen niveles apropiados de agua, saneamiento e higiene en las escuelas. Un marco normativo propicio debería permitir a los interesados a nivel del distrito y la escuela establecer disposiciones efectivas en materia de gobernanza y gestión a los efectos de planificar, financiar, ejecutar y coordinar las mejoras.

3.2. Pasos para establecer y gestionar normas a nivel nacional, distrital y local

En el Cuadro 1 se resumen los pasos esenciales para gestionar normas a nivel nacional, distrital y local (escuela y comunidad). Los tres niveles incluidos en el cuadro ofrecen un panorama general de las actividades relacionadas que se requieren en los diferentes niveles. La forma en la que estas actividades se organizan en cada contexto en particular dependerá de las disposiciones específicas de cada país, pero en principio, las normas se establecen a nivel nacional y se aplican a nivel local y de distrito para fijar e intentar alcanzar metas específicas.

Las organizaciones intergubernamentales, como la Organización de las Naciones Unidas para la Educación, la Ciencia y la Cultura (UNESCO), el Fondo de las Naciones Unidas para la Infancia (UNICEF) la Organización Mundial de la Salud (OMS) y las organizaciones no gubernamentales nacionales e internacionales pueden desempeñar un papel importante en todos los niveles. Esto también se debe tomar en consideración en cada país.

Cuadro 1. Pasos esenciales para gestionar normas de agua, saneamiento e higiene en escuelas a nivel nacional, distrital y local

Paso	Nivel nacional	Nivel distrital	Nivel local (escuela y comunidad)
1	Examinar las políticas nacionales vigentes y garantizar que exista un marco normativo nacional que fomente mejores condiciones en las escuelas.	Sensibilizar sobre el tema del agua, saneamiento e higiene en escuelas a los interesados clave a nivel de distrito.	Movilizar apoyo para los docentes, los escolares, las familias y otros interesados locales para crear y mantener un ambiente escolar saludable.
2	Garantizar que existan organismos nacionales apropiados para establecer y controlar la aplicación de las normas.	Garantizar que exista un organismo o servicio apropiado a nivel distrital para controlar el cumplimiento de las normas. Intentar incorporar a todas las entidades y organizaciones del distrito interesadas en el tema de agua, saneamiento e higiene (WASH) en escuelas.	Crear un órgano apropiado que controle la aplicación de las normas en la escuela.
3	Examinar las normas nacionales y ampliarlas si fuese necesario. Garantizar que exista un marco normativo efectivo que aliente y apoye el cumplimiento de las normas.	que el marco normativo nacional se vea reflejado en directrices y apoyo apropiados para hacer cumplir las normas a nivel de distrito. Si no hay normas definidas, usar directrices apropiadas.	Definir una serie de metas, políticas y procedimientos para aplicar las normas o directrices nacionales de manera tal que reflejen las condiciones locales. Determinar cómo se aplicarán las metas, las políticas y los procedimientos.
4	Poner a disposición conocimientos especializados y recursos para evaluar y planificar a nivel nacional.	Poner a disposición conocimientos especializados y recursos para evaluar y planificar a nivel local.	Valorar las condiciones, consultar a los interesados locales (incluido el personal y la comunidad local) y planificar mejoras y obras nuevas.
5	No se aplica.	Poner a disposición proyectos apropiados y aportes de especialistas para proyectar nuevas estructuras o mejorar las existentes.	Planificar las mejoras o las obras nuevas requeridas, con el asesoramiento técnico de especialistas si fuese necesario.
6	Promover, proporcionar o facilitar financiación para los programas nacionales.	Promover la asignación de fondos para las mejoras y las obras nuevas previstas.	Garantizar financiación para las mejoras y las obras nuevas previstas.
7	Supervisar las obras a nivel nacional y promover el cumplimiento sistemático de las normas en todos los distritos.	Asegurar la supervisión de las mejoras y las obras nuevas para garantizar el cumplimiento sistemático de las normas apropiadas en todas las escuelas.	Supervisar la ejecución de las mejoras y las obras nuevas previstas.
8	Garantizar que los componentes de agua, saneamiento e higiene se vean reflejados adecuadamente en el sistema de información sobre la administración de la educación (EMIS) a nivel nacional.	Seguir de cerca las condiciones de todas las escuelas y promover medidas correctivas en los casos necesarios.	Acompañar las condiciones y aplicar medidas correctivas en los casos necesarios.
9	Proporcionar capacitación y materiales de información apropiados a distintos entornos escolares. Garantizar programas apropiados para capacitación de docentes.	Ofrecer capacitación e información adecuadas para los docentes, los directores de las escuelas y los agentes de divulgación.	Asesorar y capacitar al personal, los escolares y los padres.

3.3. Roles, responsabilidades y vínculos intersectoriales a nivel distrital y local

En esta sección se presenta una lista de los interesados a nivel distrital y local y se resumen algunas de las medidas que pueden tomar para alcanzar y mantener un suministro adecuado de agua, saneamiento e higiene en las escuelas. La lista no es exhaustiva y puede modificarse conforme a cada contexto en particular.

- **Los escolares:**
  - Seguir los procedimientos para usar y cuidar las instalaciones de agua, saneamiento e higiene.
  - Respetar medidas de higiene adecuadas.
  - Participar en el proceso de diseño y construcción.
  - Participar activamente en las operaciones de limpieza y mantenimiento de las instalaciones (por ejemplo, por medio de clubes escolares de salud).

- **Las familias de los escolares:**
  - Alentar que los niños y niñas sigan los procedimientos para usar y cuidar las instalaciones de agua, saneamiento e higiene en la escuela, e incorporen hábitos de higiene positivos.
  - Apoyar o participar activamente en las asociaciones de padres y maestros u órganos similares.

- **Los docentes:**
  - Controlar el estado y el uso de las instalaciones de agua, saneamiento e higiene de la escuela.
  - Organizar el cuidado y el mantenimiento de las instalaciones.
  - Fomentar que los escolares incorporen hábitos apropiados en la escuela y el hogar mediante la educación en higiene.

- **Los directores de las escuelas:**
  - Organizar la definición de metas de agua, saneamiento e higiene en la escuela.
  - Garantizar el contacto con las autoridades educativas y otras autoridades a nivel local y de distrito.
  - Crear las condiciones para que el personal se sienta motivado y cumpla y mantenga las metas.
  - Establecer y hacer cumplir las reglas siempre que sea necesario.
  - Alentar la comunicación entre los padres y los docentes.

- **Las autoridades educativas locales o de distrito:**
  - Proporcionar recursos y orientación para que se fijen, cumplan y mantengan metas a nivel escolar.
  - Abogar a nivel de distrito o nacional por recursos adecuados.
  - Coordinar con los servicios de salud ambiental, los departamentos de obras públicas y demás organismos pertinentes locales para garantizar que haya apoyo técnico suficiente.
  - Controlar la aplicación de las directrices de agua, saneamiento e higiene en escuelas en el marco de las actividades de supervisión e inspección habituales.
  - Capacitar a los docentes, los directores y demás personal de las escuelas.

- **El sector de la salud:**
  - Orientar sobre los aspectos de salud ambiental en el diseño, la construcción y el mantenimiento de las escuelas.
  - Seguir de cerca las condiciones de salud ambiental y la salud de los niños.
  - Ofrecer servicios de salud específicos (por ejemplo, suplementos con micronutrientes, tratamientos contra las infecciones helmínticas, promoción de la higiene, campañas de vacunación o controles de salubridad).
  - Capacitar y asesorar a los docentes, los escolares y los padres en materia de agua, saneamiento e higiene.

- **Las asociaciones de padres y maestros, miembros de los consejos escolares, las comisiones escolares y otros órganos similares:**
  - Promover a nivel local mejoras en el suministro de agua, saneamiento e higiene de las escuelas.
  - Reunir fondos y ayudar a planificar las mejoras junto a los directores y los docentes.
  - Apoyar el mantenimiento de las instalaciones escolares.
  - Apoyar el suministro de artículos de consumo, como jabón.

- **El sector de obras públicas o agua y saneamiento:**
  - Garantizar el diseño y la construcción adecuados de los edificios escolares y la infraestructura sanitaria de las escuelas.
  - Asegurar el mantenimiento correcto y la capacitación adecuada de los cuidadores y encargados del mantenimiento de las escuelas locales.

- **El sector de construcción y mantenimiento, incluidos los contratistas locales:**
  - Ofrecer servicios calificados de construcción, mantenimiento y refacción de los edificios escolares y la infraestructura sanitaria de las escuelas.

El nivel de participación antes mencionado sólo puede lograrse con los recursos suficientes en todos los niveles. Por ejemplo, los directores de las escuelas necesitan apoyo de las autoridades educativas distritales o locales, quienes a su vez necesitan personal, transporte y fondos para cubrir gastos de funcionamiento que les permitan visitar las escuelas, en particular en las zonas periféricas o inaccesibles.

Es esencial que existan vínculos efectivos entre los diferentes sectores gubernamentales y entre el sector público, el sector privado y las comunidades locales. Pueden resultar de utilidad los órganos intersectoriales locales, como los comités de desarrollo comunales o distritales, para cooperar en la planificación, ejecución y supervisión de las mejoras.

3.4 Coordinación a nivel local

Para gestionar los diversos aspectos interdependientes de agua, saneamiento e higiene a nivel local se requiere una coordinación efectiva entre los interesados locales (véase la Sección 3.3). La esfera local incluye a la comunidad local, el gobierno local y los representantes locales de las autoridades nacionales, además de los escolares, el personal y los padres y madres de los alumnos de la escuela. El órgano más apropiado para ofrecer coordinación a nivel local dependerá del tipo de escuela y el grado de participación de la comunidad, las autoridades educativas y las autoridades locales, pero siempre incluirá a los padres, los docentes y cuando corresponda, los alumnos. Entre las opciones se encuentran las estructuras ya establecidas, como las asociaciones de padres y maestros o el comité de educación de la comunidad, o una estructura específica como el comité de salud escolar. Es importante que este órgano forme vínculos fuertes con la autoridad de salud ambiental, e invite habitualmente a los funcionarios pertinentes a sus reuniones.

Independientemente de los acuerdos de gestión específicos, debe haber un órgano claramente identificado con la autoridad para llevar a cabo los Pasos 1 a 9 descritos en la Sección 3.2.

3.5 Uso de las directrices para crear metas para entornos escolares específicos

Las ocho directrices que figuran en la Sección 4 constituyen pautas generales para crear entornos escolares saludables. Se las puede usar, como se indica en los 3 pasos siguientes, para crear metas específicas apropiadas para escuelas en particular o tipos de escuelas.

1. Examinar las ocho directrices. Estas son aseveraciones que indican la situación ideal que se procura alcanzar y mantener.
2. Reconocer las áreas principales que requieren atención en relación con cada directriz. Tener en cuenta las condiciones locales que puedan afectar la forma en la que las normas se interpretan en la práctica. Recordar que las limitaciones locales, como falta de recursos o falta de una fuente de agua apropiada, no deben tenerse en cuenta en esta etapa. El objetivo es definir primero metas apropiadas para ofrecer un ambiente escolar saludable en un lugar específico, y luego buscar las maneras de cumplirlas, en lugar de definir metas limitadas que resulten insuficientes.
3. Usar las normas nacionales o los indicadores de cada directriz (o ambos) para definir objetivos específicos, como el número de usuarios por retrete o la cantidad de agua que se necesita por persona por día. Las notas de orientación guían sobre los mecanismos para tener en cuenta las condiciones locales a la hora de fijar metas específicas y sobre los pasos intermedios para alcanzar las metas previstas.

3.6 Evaluación y planificación

Una vez fijadas metas específicas para una escuela en particular o tipo de escuela, se las puede usar como lista de verificación para determinar qué tipo de carencias hay y cuántas son. La lista de verificación puede utilizarse para reconocer problemas específicos que requieren solución. En la Sección 5 se encuentra una lista de verificación para la evaluación.

Al estudiar las razones de las carencias, es importante hacerlo de la manera más inclusiva posible, ya que la mayoría de las soluciones requerirán la participación de todas las partes interesadas: los escolares, los docentes, los directores de las escuelas, el personal de mantenimiento y las autoridades educativas. Una herramienta útil para este análisis es el árbol de problemas y soluciones (Recuadro 1). Los objetivos deben ser comprensibles y motivadores para todos los interesados y el progreso en lograr los objetivos se debe poder medir y describir fácil y claramente.

> **Recuadro 1: Árbol de problemas y soluciones**
>
> El árbol de problemas y soluciones es un método sencillo para detectar problemas, sus causas y efectos, y posteriormente definir objetivos para mejorar que sean posibles de alcanzar y apropiados para las condiciones específicas de cada escuela. El árbol de problemas y soluciones es una actividad que se realiza en grupo y abarca las siguientes etapas:
>
> - Discutir sobre todos los aspectos importantes de la situación actual que impiden cumplir las metas sobre agua, saneamiento e higiene fijadas para la escuela. Escribir cada uno de esos aspectos en letras grandes en un trozo de papel pequeño (más o menos del tamaño de una tarjeta postal).
>
> - Detenerse en cada problema importante y discutir sus causas preguntando "¿Por qué?". Para cada factor que contribuya al problema, preguntar "¿Por qué?" nuevamente y así sucesivamente hasta sacar a luz y reconocer las causas fundamentales de cada problema. Escribir todos los factores que contribuyen al problema con letras grandes en un trozo de papel pequeño o una tarjeta postal y pegarlos en una pared, distribuidos de tal forma que se vea la relación que guarda cada uno con los demás y con el problema principal. Esto genera un "árbol de problemas".
>
> - Una vez dibujado el árbol de problemas, el próximo paso consiste en hallar las soluciones. Para cada uno de los factores que contribuyen al problema, discutir soluciones posibles. Comprobar que las soluciones recomendadas ayuden a solucionar los problemas principales detectados planteando la pregunta "¿Qué sucederá?" para determinar lo que sucederá si se aplica una solución en particular. Probablemente se deban dejar de lado algunas de las soluciones propuestas por ser poco realistas, dadas las condiciones actuales, o debido a que no tendrán impacto suficiente en los problemas principales.
>
> - Una vez que todos hayan acordado una serie de soluciones posibles, tradúzcalas en objetivos. Para cada objetivo, el grupo puede entonces discutir y llegar a un acuerdo sobre una estrategia (por ejemplo, cómo pueden alcanzarse los objetivos), las responsabilidades (por ejemplo, quién será responsable de cada tarea), los cronogramas, los recursos y los requisitos.

3.7. Mejoras por etapas

Actualmente, muchas escuelas están lejos de alcanzar niveles aceptables de agua, saneamiento e higiene y es posible que cuenten con instalaciones que no son aptas para todos, debido a la falta de recursos, conocimientos o apoyo institucional adecuado. En muchos casos no será posible alcanzar las metas apropiadas en el corto plazo. Por consiguiente, es necesario priorizar las mejoras necesarias y al mismo tiempo trabajar para detectar los problemas más urgentes (o los que se pueden solucionar rápidamente) y concentrar esfuerzos en ellos y luego incorporar otros cambios de forma paulatina. La Sección 4 presenta directrices específicas sobre medidas inmediatas que pueden tomarse mientras las metas a largo plazo no puedan cumplirse rápidamente.

3.8. Selección, operación y mantenimiento de la tecnología

En las etapas de diseño y construcción, debe tenerse en cuenta el mantenimiento, la refacción y el eventual reemplazo de las instalaciones de agua y saneamiento. En lo posible, las instalaciones deben ser resistentes y fáciles de mantener (a por ejemplo, sin la necesidad de equipos o conocimientos especializados). La tecnología debe elegirse teniendo en cuenta las capacidades locales de mantenimiento y refacción. En algunos casos, puede ser necesario elegir un nivel de servicio inferior, para evitar que los equipos esenciales no puedan repararse cuando dejan de funcionar. Por ejemplo, puede resultar más conveniente mantener un pozo abierto protegido que complementarlo con una tapa y una bomba, si no se cuenta con un sistema confiable para mantener y reparar la bomba. La tapa y la bomba pueden instalarse posteriormente, una vez que se cuente con un sistema de mantenimiento y reparación.

Las responsabilidades relativas a la operación y el mantenimiento deben estar claramente definidas y se debe contar con los conocimientos especializados apropiados (véase la Sección 3.9). El mantenimiento, la reparación y el reemplazo de las instalaciones debe planificarse e incluirse en los presupuestos desde el comienzo de cada programa, para reformar las instalaciones o construir nuevas. En tanto la fuente de financiación no esté asegurada, se podrá requerir algún tipo de sistema local para generar ingresos.

3.9. Supervisión, revisión y corrección permanentes

Para mantener condiciones aceptables se requieren esfuerzos permanentes en todos los niveles. Es fundamental el papel que desempeña el comité de salud escolar o un órgano equivalente en garantizar el control periódico de las condiciones de agua, saneamiento e higiene. La autoridad local de salud ambiental debe ser un asociado importante, que ofrezca supervisión y asesoramiento de expertos. Por ejemplo, las escuelas se deben incluir en los programas ordinarios de vigilancia y control de la calidad del agua.

El sistema de vigilancia deberá usar un conjunto limitado de indicadores que puedan medirse fácil y periódicamente, para detectar problemas y corregirlos oportunamente. Por ejemplo, la escasez de agua en las instalaciones para el lavado de manos puede ser controlada por los docentes o los alumnos según un cronograma organizado, de forma tal que puedan tomarse medidas inmediatamente cuando se presente un problema. Si la escuela está conectada a un sistema de abastecimiento de agua, la frecuencia y la duración de los períodos de escasez de agua también pueden registrarse, de forma tal de medir en el tiempo la fiabilidad del suministro de agua.

Pueden elaborarse formularios para tener registros a nivel escolar, distrital o nacional (por ejemplo a través del sistema de información sobre administración de la educación) y confeccionar informes de control normalizados que permitan reunir y comparar datos de todas las escuelas.

3.10. Requisitos y capacitación del personal

El personal y los escolares realizan a diario muchas actividades que son importantes para crear entornos escolares saludables; por ejemplo: al usar y cuidar las aulas, los espacios exteriores, los retretes y demás instalaciones. Una decisión importante que debe tomarse acerca del mantenimiento de las instalaciones es si los escolares deberían o no ser responsables de la limpieza de los retretes y demás instalaciones sanitarias. Los beneficios de dar participación a los escolares incluyen: reducir los costos, enseñar a los escolares a usar las instalaciones de manera limpia y demostrar importantes hábitos higiénicos. Sin embargo, debe tenerse mucho cuidado en velar por que estos acuerdos funcionen efectivamente en la práctica, sin exponer a los escolares a riesgos de enfermarse, asignar una carga injusta a un grupo de niños en particular o permitir que la tarea se vea como una forma de castigo, lo que provocaría un efecto negativo.

El suministro de agua, saneamiento e higiene debe ocupar un lugar central en la capacitación y la supervisión de todos los docentes, debido a que constituyen modelos de conducta para los escolares y son los principales responsables de fomentar la participación de los niños y niñas en mantener un ambiente escolar saludable. Además, el tema debería incluirse en los programas de asignaturas como biología y ciencias sociales.

Los directores de las escuelas desempeñan un papel importante en su trabajo con los docentes y otros funcionarios de la escuela, los alumnos, los padres y las autoridades locales. Se les debe inculcar la importancia del agua, saneamiento e higiene en escuelas y orientar y apoyar para que promuevan la creación y el mantenimiento de un ambiente escolar saludable.

En algunas escuelas puede haber otros funcionarios, como limpiadores o personal de cocina, que sean particularmente responsables de mantener condiciones saludables. En las instancias de capacitación y gestión, se les debe inculcar firmemente la importancia del papel que desempeñan y de aplicar los principios básicos de higiene en su trabajo cotidiano.

3.11. Hábitos de higiene

Muchos niños y niñas aprenden algunos de los hábitos de higiene más importantes en la escuela y para muchos es el lugar donde conocen por primera vez prácticas higiénicas que no se fomentan o no pueden aplicarse en sus hogares. Los docentes pueden ser agentes efectivos para promover la higiene al brindar educación en higiene y servir como modelos de conducta para los escolares. Las comunicaciones entre la escuela y el hogar, por ejemplo a través de las reuniones de padres y maestros, deben usarse para vincular la promoción de la higiene en la escuela y en el hogar.

Sin embargo, los buenos hábitos de higiene y la efectividad en la promoción de la higiene en las escuelas están severamente limitados en los sitios con instalaciones inadecuadas o inexistentes de suministro de agua y saneamiento. Los docentes no pueden transmitir de manera creíble la importancia del lavado de manos si no hay agua y jabón en la escuela, ni promover el uso correcto de los retretes si evitan usarlos porque están sucios o no son seguros.

En general, es importante alcanzar un equilibrio entre la educación en higiene y el logro de condiciones sanitarias ambientales que sean propicias y aceptables. Se necesita tanto la educación como las condiciones apropiadas para promover la salud con efectividad.

En términos más generales, la salud debería promoverse en todos los aspectos del entorno y las actividades escolares. El suministro de agua, el saneamiento y la higiene adecuados son bases fundamentales para alcanzar esta meta.

4. Directrices

4.1. Introducción

Este documento ha sido pensado para ser usado como base para establecer normas a nivel nacional. Las directrices, los indicadores y las notas de orientación que figuran en esta sección han sido concebidos para que se los use, junto a las normas y directrices nacionales vigentes, a los efectos de definir normas, políticas y procedimientos que se usarán en cada escuela.

Directrices

Cada se expresa en forma de aseveración para describir la situación que se procura alcanzar y mantener.

Indicadores

Cada directriz está definida por una serie de indicadores que pueden usarse como valores de referencia para las siguientes actividades:

- evaluar las situaciones actuales;
- planificar nuevas instalaciones o mejoras a las instalaciones existentes;
- supervisar los progresos realizados
- supervisar el mantenimiento permanente de las instalaciones.

Los indicadores constituyen puntos de referencia que reflejan lo que actualmente se considera como niveles apropiados de servicio para crear y mantener entornos escolares saludables. Fueron adaptados a partir de una serie de documentos que orientan la práctica en las escuelas y otros ámbitos relacionados; los principales documentos de los que se extrajeron se presentan en las Referencias. En el Glosario se explican los términos técnicos especializados. Los indicadores deben adaptarse para tener en cuenta las normas nacionales, las condiciones locales y las prácticas vigentes. En general reflejan resultados; por ejemplo, la cantidad de agua disponible o la relación entre el número de alumnos y de retretes.

Notas de orientación

Las notas de orientación asesoran sobre la aplicación de cada directriz y serie de indicadores; también subrayan aspectos importantes para tener en cuenta a la hora de definir las medidas prioritarias. Están numeradas según los indicadores a los que hacen referencia.

Para obtener más información sobre la evaluación, aplicación y supervisión, consulte los documentos: OMS, 1997b; UNICEF, 1998 y Zomerplaag y Mooijman, 2005.

Las directrices e indicadores están pensados para ayudar a fijar metas que permitan crear condiciones adecuadas a largo plazo. En el Recuadro 2 se presentan las medidas esenciales que pueden tomarse a corto plazo para proteger la salud en las escuelas, hasta que se den las condiciones adecuadas en el largo plazo.

Recuadro 2: Medidas esenciales a corto plazo para proteger la salud en las escuelas

1. Proporcionar instalaciones de saneamiento básico (con instalaciones separadas para niñas y niños) que permitan a los escolares y al personal ir al baño o retrete sin contaminar los terrenos o los recursos de la escuela, tales como las fuentes de agua que son usadas para el abastecimiento. Esto puede suponer adoptar medidas tan básicas como perforar retretes o letrinas de pozo/hoyo provisionales, o definir zonas separadas para defecar y orinar fuera de la escuela y rotar estas zonas para evitar que se formen rápidamente focos de contaminación.

   Nota: el riesgo de contraer infecciones helmínticas por contacto con el suelo aumenta con el uso de los campos de defecación. Usar zapatos o sandalias ayuda a protegerse contra las infecciones por anquilostomas.

2. Suministrar agua y jabón (o ceniza) para el lavado de manos después de ir al baño y antes de manipular alimentos. Esto puede lograrse con materiales simples y económicos, como una jarra de agua y un cuenco (depósito donde se recoge el agua).

3. Suministrar agua potable proveniente de una fuente subterránea protegida (manantial, pozo artesiano o de perforación), o de una fuente tratada y mantenerla potable hasta su consumo. El agua sin tratar de fuentes no protegidas puede hacerse más apta para el consumo con métodos simples, como hervirla o filtrarla, o con sistemas caseros de purificación de agua (por ejemplo, solución de cloro de venta local). Los escolares y el personal pueden verse obligados a traer agua de sus hogares si no hay una fuente de agua potable cerca de la escuela.

4. Cercar el terreno de la escuela para que pueda mantenerse un entorno limpio. El cercado puede resultar más económico si se hace con materiales locales.

5. Planificar y realizar mejoras para que se alcancen las condiciones adecuadas para el largo plazo lo antes posible.

6. Promover la higiene para que los niños y niñas comprendan mejor la importancia de la higiene y un ambiente escolar limpio.

4.2. Directrices

> **Directriz 1: Calidad del agua**
>
> El agua para beber, cocinar, higiene personal, limpiar y lavar ropa es apta para el uso que se le da.

Indicadores de la Directriz 1

1. Calidad microbiológica del agua para bebida. No se detectan bacterias Escherichia Coli o coliformes termotolerantes en ninguna muestra de 100 ml.
2. Tratamiento del agua para bebida. El agua para bebida proveniente de fuentes no protegidas se trata para garantizar que sea inocua desde el punto de vista microbiológico.
3. Calidad química y radiológica del agua para bebida. El agua cumple las Guías para la calidad del agua potable de la OMS (OMS, 2004b) o las normas nacionales relativas a los parámetros químicos y radiológicos.
4. Aceptabilidad del agua para bebida. El agua no presenta sabores, olores o colores que puedan desalentar su consumo.
5. Agua para otros propósitos. El agua que no tiene calidad de agua para bebida se debe utilizar solamente para limpieza, lavado de ropa y saneamiento.

Notas de orientación sobre la Directriz 1

1. Calidad microbiológica del agua para bebida

La calidad microbiológica del agua es de importancia fundamental. El agua suministrada no debe contener patógenos y debe protegérsela contra cualquier foco de contaminación dentro de la propia escuela. El agua de beber que se suministra en las escuelas además debe cumplir las normas nacionales y respetar las Guías de calidad del agua potable de la OMS (OMS, 2004b). En la práctica esto significa que el suministro de agua debe provenir de una fuente subterránea protegida, por ejemplo un pozo excavado, una perforación o un manantial, o se la debe desinfectar si proviene de una fuente de agua superficial (véase el Indicador 2). Puede aceptarse el agua de lluvia sin desinfección si la superficie donde se recoge, las tuberías y el tanque de almacenamiento del agua de lluvia se operan, mantienen y limpian de forma correcta.

La autoridad local de salud ambiental debe participar en la vigilancia de la calidad microbiológica del agua en la escuela, como parte de su programa ordinario de vigilancia y control (OMS, 1997a).

2. Tratamiento del agua para bebida

La desinfección con cloro es la forma más apropiada de garantizar la inocuidad microbiológica en contextos de escasos recursos. Puede usarse desinfectante en polvo o granulado, lejía, pastillas de cloro y otras fuentes de cloración, según lo que se consiga en el lugar. Debe transcurrir un tiempo de contacto de al menos 30 minutos después de agregar el cloro al agua y antes de beberla, para garantizar que la desinfección sea adecuada. La concentración del cloro libre residual (la forma libre de cloro que permanece en el agua después del tiempo de contacto) debe ser de entre 0,5 y 1,0 mg/l (OMS, 2004b). El cloro libre residual puede medirse con materiales sencillos (por ejemplo, un comparador colorimétrico y pastillas de dietil-p-fenilenediamina [DPD]).

La desinfección efectiva requiere que el agua presente poca turbiedad. Lo ideal es que la turbiedad media sea menor a una unidad nefelométrica de turbiedad (UNT) (OMS, 1997a). Sin embargo, 5 UNT es el mínimo de turbiedad que puede medirse con materiales sencillos (por ejemplo, un tubo de turbiedad), por lo que en la práctica es posible que se use este nivel. Si la turbiedad excede las 5 UNT, entonces se la debe tratar para eliminar la materia suspendida antes de la desinfección, por sedimentación (con o sin coagulación o floculación) o filtrado.

El filtrado con filtros cerámicos de vela y otras tecnologías que pueden usarse a pequeña escala pueden resultar apropiados para tratar el agua en las escuelas que no están conectadas a tuberías de abastecimiento de agua. La técnica de filtrado también puede utilizarse en las instalaciones que están conectadas a tuberías de abastecimiento de agua pero cuya calidad no siempre es satisfactoria (OMS, 2002).

3. Calidad química y radiológica del agua para bebida

Los componentes químicos de las reservas subterráneas (por ejemplo, arsénico, fluoruro y nitratos) pueden superar los niveles recomendados y quizás no sea posible, en el corto plazo, eliminarlos o encontrar una fuente de agua alternativa. En los casos en los que no puedan cumplirse inmediatamente las guías sobre la calidad del agua potable de la OMS o las normas nacionales sobre los parámetros químicos y radiológicos, deberá llevarse a cabo una evaluación de los riesgos para los escolares y el personal, habida cuenta de los niveles de contaminación, la duración de la exposición y el grado de susceptibilidad de los individuos (OMS, 2004c). Los niños y niñas de todas las edades, particularmente los más jóvenes, son más susceptibles que los adultos a los efectos nocivos de los contaminantes químicos (EEE/OMS, 2002).

4. Aceptabilidad del agua para bebida

El sabor y el olor del agua de beber deben ser aceptables para los escolares y el personal, de lo contrario podrían beber menos de lo necesario, o beber agua de otras fuentes sin proteger, lo que podría ser nocivo para su salud.

5. Agua para otros propósitos

El agua destinada al saneamiento, el lavado de ropa y la limpieza de pisos y otras superficies no necesita ser de tanta calidad como el agua para bebida. Sin embargo, el agua para lavarse las manos y bañarse debe tener la misma calidad que el agua de beber, particularmente si no existen tomas de agua de beber específicamente. Toda el agua utilizada para preparar alimentos y lavar utensilios debe tener la calidad del agua de beber.

Si se utiliza agua que no alcanza la calidad del agua de beber para determinados propósitos, debe hacérselo a través de sistemas de distribución y recipientes separados y bien marcados y deben tomarse las medidas necesarias para garantizar que el suministro de agua de beber no se contamine con el suministro de menor calidad.

> **Directriz 2: Cantidad del agua**
>
> En todo momento hay suficiente cantidad de agua para beber, higiene personal, preparar alimentos, limpiar y lavar ropa.

Indicadores de la Directriz 2

1. Cantidades básicas de agua requeridas.

Escuelas diurnas	5 litros por persona por día para todos los escolares y el personal
Escuelas con régimen de internado	20 litros por persona por día para todos los escolares y el personal que residen en la escuela
Escolares y personal que no residen en la escuela	5 litros por persona por día

2. Cantidades adicionales de agua requeridas. En los casos necesarios, se deberán agregar las siguientes cantidades a las cantidades básicas. Las cifras corresponden a las escuelas diurnas. Se las debe duplicar en el caso de las escuelas con régimen de internado.

Retretes con descarga de agua	10 a 20 litros por persona por día para los retretes con descarga de agua convencionales
Retretes de sifón	1,5 a 3,0 litros por persona por día
Limpieza anal	1 a 2 litros por persona por día

Notas de orientación sobre la Directriz 2

1. Cantidades básicas de agua requeridas

Las cifras recomendadas anteriormente incluyen el agua para beber, lavado de manos, limpiar y, cuando corresponde, preparar alimentos y lavar ropa (PMA/UNESCO/OMS, 1999). Las cifras deben tenerse en cuenta a la hora de planificar y diseñar los sistemas de abastecimiento de agua. Las cantidades reales de agua requeridas dependerán de diversos factores, como el clima, la disponibilidad y el tipo de instalaciones para usar el agua y las prácticas locales del uso del agua.

El agua de beber debe estar a disposición a lo largo de toda la jornada escolar y se debe alentar a los niños a consumirla, debido a que incluso una deshidratación leve reduce la capacidad del niño de concentrarse y puede perjudicar su salud a largo plazo. Muchos niños deben recorrer grandes distancias para llegar a la escuela, frecuentemente después de haber realizado tareas domésticas, por lo que pueden llegar a la escuela con sed.

En los casos en que las escuelas no cuentan con suministro de agua potable, los niños y el personal deben llevar consigo el agua de beber a la escuela.

2. Cantidades adicionales de agua requeridas

Las cantidades adicionales de agua requeridas para el saneamiento deben ajustarse a las condiciones locales, incluido el tipo exacto de retretes usados (por ejemplo el uso de urinarios) las costumbres frecuentes y el tiempo que los niños y el personal permanecen en la escuela.

> **Directriz 3: Instalaciones de abastecimiento de agua y acceso al agua**
>
> La escuela dispone de suficientes instalaciones y tomas de agua para que sea fácil acceder y utilizar agua para beber, higiene personal, preparar alimentos, limpiar y lavar ropa.

Indicadores de la Directriz 3

1. En todos los lugares críticos de la escuela existe una toma de agua confiable, con jabón o una alternativa adecuada, particularmente en los retretes y las cocinas.

2. El personal y los niños, incluidos los que tienen discapacidades, pueden acceder en todo momento a una toma confiable de agua potable.

3. En las escuelas con régimen de internado hay una ducha disponible cada 20 usuarios (los usuarios pueden ser los escolares y los funcionarios que residen en la escuela). Hay duchas separadas, u horarios separados, para el personal y los escolares y duchas u horarios separados para las niñas y los niños. Al menos una ducha debe estar a disposición para las mujeres y las niñas con discapacidades y una para los hombres y los niños con discapacidades.

4. Las escuelas con régimen de internado cuentan con instalaciones de lavado de ropa, con jabón o detergente y agua caliente o solución de cloro (o ambos).

Notas de orientación sobre la Directriz 3

1. Hay a disposición una toma de agua confiable

Las medidas de higiene básicas que toman el personal y los escolares, en particular el lavado de manos, no deben verse comprometidas por la falta de agua o la falta de acceso a lavamanos o alternativas aceptables (PMA/UNESCO/OMS, 1999). Cuando no haya jabón a disposición, se deberá recomendar a los escolares lavarse las manos con agua y una pequeña cantidad de ceniza (sin embargo, esta práctica deberá evitarse si hay riesgo de atascar el sistema de drenaje).

Las tomas de agua deben estar a una distancia y altura adecuadas a los usuarios para alentarlos a usar agua cada vez que lo necesiten. Los retretes del personal y los de los escolares deben estar situados a corta distancia de instalaciones de lavado de manos que tengan drenaje adecuado.

También se debe recomendar a los niños lavarse la cara para ayudar a prevenir enfermedades oculares. Una toma de agua cercana a las aulas puede resultar útil para este fin (Zomerplaag y Mooijman, 2005).

A continuación se presentan ejemplos de distintas instalaciones sencillas y de bajo costo para lavarse las manos (OMS, 1997b):

- una jarra de agua y un cuenco (una persona puede verter el agua y otra lavarse las manos; el agua residual cae en el cuenco).
- un pequeño tanque (por ejemplo, un bidón de aceite) al que se le instale un grifo, se lo coloque en una base alta y se lo llene con un balde, con un pequeño pozo o recipiente debajo del grifo para recoger el agua residual.
- un grifo casero Tippy-tap elaborado a partir de una calabaza hueca o una botella de plástico colgada a una cuerda y que vierte un chorro fino de agua al darle un toque ligero.

2. Se puede acceder a una toma de agua potable en todo momento

En lo posible, toda el agua suministrada en la escuela debe tener calidad de agua de beber. El agua de beber debe suministrarse en tomas de agua claramente señalizadas, separadas del agua para lavarse las manos y otros propósitos, incluso si provienen del mismo caudal. El agua de beber puede provenir de un sistema de tuberías o de un recipiente cubierto que cuente con un grifo cuando no haya abastecimiento de agua por tuberías.

3. Hay suficientes duchas a disposición

Si los escolares tienen más de tres o cuatro años, quizás se necesiten designar duchas separadas o establecer horarios de ducha separados para los niños más pequeños y los mayores.

Las duchas pueden ser cubículos sencillos fabricados con materiales locales, con piedra o ladrillo en el suelo para ofrecer una superficie limpia y que no se anegue. Los usuarios llevan agua al cubículo en un balde y usan un recipiente grande para verterla sobre ellos mismos (o sobre los niños pequeños que están lavando). Cuanto menor sea la distancia a la toma de agua, mayor será la cantidad de agua que se usará para la higiene.

Las duchas pueden hacerse aptas para las personas con discapacidades de muchas formas diferentes (Jones y Reed, 2005).

> **Directriz 4: Promoción de higiene**
>
> El uso y el mantenimiento correctos de las instalaciones de agua y saneamiento se garantiza con la promoción permanente de la higiene. instalaciones de agua y saneamiento se usan como recursos para mejorar los hábitos de higiene.

Indicadores de la Directriz 4

1. La educación en higiene se incluye en el programa/plan escolar de estudios (currículo)

2. Se promueven sistemáticamente los hábitos de higiene positivos, incluidos el uso y el mantenimiento correctos de las instalaciones, en el personal y en los escolares.

3. Las instalaciones y los recursos permiten al personal y los escolares adoptar hábitos que controlan la transmisión de enfermedades de manera sencilla y oportuna.

Notas de orientación sobre la Directriz 4

1. Se provee educación en higiene

La educación en higiene debe ser una parte fundamental de la capacitación de los docentes; periódicamente deben ofrecerse cursos de actualización para mantener al día los conocimientos y sensibilizar sobre el tema.

La educación en higiene, a través de una variedad de métodos participativos y didácticos, debe permitir a los escolares adquirir los conocimientos, las actitudes y las aptitudes para la vida que necesitan para adoptar y mantener estilos de vida saludables, particularmente en lo relativo al agua, el saneamiento y la higiene (OMS, 2003a).

2. Se promueven sistemáticamente los hábitos de higiene positivos

Debe promoverse sistemáticamente un ambiente escolar saludable y el uso apropiado de las instalaciones de suministro de agua, saneamiento e higiene mediante la aplicación de reglas claras y con la participación del personal, los escolares y los padres en las instancias de planificación y gestión de las instalaciones y el ambiente escolar.

Uno de los hábitos de higiene más importantes para promover en los escolares es el lavado de manos con agua y jabón (o ceniza), al menos antes de comer y después de ir al baño. Al igual que con otros hábitos de higiene, como el uso correcto de los retretes, esto a menudo requiere ayudar a los escolares más jóvenes y supervisar a los mayores para garantizar que lleven a cabo la actividad correcta y sistemáticamente.

En muchas situaciones, los escolares estarán a cargo de actividades como limpiar los retretes, transportar agua a la escuela o dentro de ella y recoger los desperdicios sólidos. Estas actividades deben organizarse de manera justa y transparente (por ejemplo, con una lista pública de turnos en la que no se discrimine entre los niños y las niñas, ni entre los escolares de un grupo social o étnico en particular), conforme a las limitaciones que imponen la edad y la destreza de los escolares. Estas actividades no deben usarse como castigo.

El personal de la escuela, en particular los maestros, tienen fuerte influencia en los escolares, por lo que deben ser modelos de conducta y demostrar sistemáticamente hábitos de higiene apropiados.

3. Las instalaciones y los recursos permiten controlar la transmisión de enfermedades

No se espera que el personal y los escolares adopten hábitos que sean inconvenientes, incómodos o poco prácticos. Por ejemplo, no se puede esperar que los funcionarios den un buen ejemplo a los escolares si no pueden lavarse las manos después de ir al baño debido a la falta de agua.

Deben proporcionarse las instalaciones apropiadas para la higiene menstrual de las docentes y las niñas mayores. En función del tipo de protección sanitaria utilizada y las prácticas culturales predominantes, las instalaciones pueden incluir, por ejemplo, un lugar íntimo para lavar y secar ropa, cestos de basura para desechar las compresas y agua en el interior de los cubículos para limpiarlos. Esto es de gran importancia para alentar que las docentes y las niñas mayores asistan a la escuela, incluso cuando estén menstruando. Los retretes deben estar separados y ofrecer privacidad total.

Cuando se necesitan mejoras en las instalaciones de la escuela, su planificación y construcción pueden utilizarse como herramienta efectiva para educar en higiene.

> **Directriz 5: Instalaciones de saneamiento**
>
> La escuela dispone de suficientes retretes accesibles, privados, seguros, limpios y culturalmente apropiados para los escolares y el personal.

Indicadores de la Directriz 5

1. La escuela dispone de retretes en cantidad suficiente, uno cada 25 niñas y uno para el personal femenino; un retrete más un urinario (o 50 cm de pared para orinar) cada 50 niños y uno para el personal masculino de la escuela.

2. Todos pueden acceder con facilidad a los retretes, incluidos el personal y los niños y niñas con discapacidades, pues están situados a menos de 30 metros de distancia de todos los usuarios. Los retretes están completamente separados por género (niños/hombres y niñas/mujeres).

3. Los retretes ofrecen privacidad y seguridad.

4. Los retretes respetan las costumbres culturales y sociales locales, son apropiados para la edad y el género de los niños y son fáciles de acceder para los niños y niñas con discapacidades o que sufren de enfermedades crónicas (son instalaciones sanitarias adecuadas a las necesidades de los niños y niñas).

5. Los retretes son de uso higiénico y fácil limpieza.

6. Las instalaciones para el lavado de manos se encuentran a una distancia conveniente de los retretes

7. La limpieza y el mantenimiento se realizan de forma rutinaria, lo que garantiza retretes limpios y en funcionamiento en todo momento.

Notas de orientación sobre la Directriz 5

1. Hay suficientes retretes a disposición

El número de retretes y urinarios necesarios para cada escuela depende del número de niños y funcionarios (PMA/UNESCO/OMS, 1999), pero también del momento en que los escolares y los funcionarios tienen acceso a los retretes. Si el acceso a los retretes está restringido a los recreos, entonces la demanda máxima puede ser alta, particularmente si todas las clases tienen recreos a la misma hora (Zomerplaag y Mooijman, 2005).

Los urinarios para las niñas y mujeres, además de para los niños y hombres, se han usado con éxito en algunos países (véase DeGabriele, Keast y Msukwa, 2004). Se construyen más rápido y son más económicos que los retretes, reducen los olores en la zona de retretes y son fáciles de usar para los niños pequeños.

Las instalaciones para los niños y para las niñas deben estar en módulos sanitarios independientes, o en zonas sanitarias separadas por paredes sólidas (no divisiones livianas) y deben tener entradas separadas. Las puertas deben llegar hasta el suelo.

Puede resultar conveniente ofrecer retretes separados para los funcionarios y para los escolares, particularmente en los casos en que hay retretes especiales para los niños más pequeños (Zomerplaag y Mooijman, 2005).

Debe haber al menos un cubículo disponible para los niños y los funcionarios con discapacidades, preferentemente uno para las usuarias y otro para los usuarios. Esto incluye una entrada sin escalones o con una rampa, una puerta ancha y espacio suficiente en el interior para ingresar con una silla de ruedas o permitir que otra persona ingrese para ayudar, además de estructuras de apoyo como un pasamanos y un asiento para el retrete (para obtener más información, véase Jones y Reed, 2005).

Si la escuela no cuenta con instalaciones sanitarias formales, lo mejor quizás sea mejorar el sistema actual (por ejemplo, los campos de defecación) y continuar usándolo hasta que haya un número suficiente de retretes para que todos tengan instalaciones accesibles e higiénicas a disposición. Si sólo hay una o dos letrinas de pozo para toda una escuela, es probable que la zona que la rodea se contamine rápidamente y los pozos se saturen en poco tiempo. Las zonas de defecación pueden mejorarse con letrinas de zanja poco profundas en lugar de zonas abiertas, pues proporcionan un drenaje correcto que evita contaminar el entorno cercano, y con un sistema de rotación (Harvey, Baghri y Reed, 2002).

2. Todos pueden acceder con facilidad a los retretes

En principio, los retretes deben situarse lo más cerca posible a los salones de clase y las zonas de juego, para garantizar que sean convenientes y seguros de usar. Las entradas deben proporcionar la máxima privacidad posible al ingresar y salir de los módulos sanitarios. En las instalaciones sanitarias para preescolares, los retretes deben estar junto al espacio donde se cuidan los niños, debido a que los niños pequeños frecuentemente necesitan supervisión al ir al baño.

La ubicación de los retretes también debe tener en cuenta la necesidad de reducir al mínimo los olores (tomar en consideración los vientos preponderantes) y evitar la contaminación de las fuentes de agua y los alimentos. Al instalar letrinas y pozos negros debe prestarse especial atención a los pozos de infiltración o las zanjas de infiltración. Todas las letrinas y los sistemas de infiltración deben situarse al menos a 30 metros de distancia de cualquier fuente subterránea y al menos a 1,5 metros por encima del nivel freático (Franceys, Pickford y Reed, 1992).

3. Los retretes ofrecen privacidad y seguridad

A los efectos de reducir al mínimo el riesgo de violencia, incluida la violencia sexual y garantizar la privacidad suficiente, debe planificarse con cuidado el lugar donde se instalarán los retretes y se los debe iluminar, al igual que sus caminos de acceso, si se usan de noche. Deben poder cerrarse con cerrojo desde el interior (para proteger a las personas mientras los usan) pero deben quedar abiertos cuando no se los esté usando, para garantizar que siempre se pueda acceder a ellos.

4. Los retretes respetan las costumbres culturales y sociales locales y son apropiados para los usuarios

Las costumbres culturales y sociales preponderantes en la comunidad a la que pertenecen los escolares deben tenerse en cuenta a la hora de diseñar y emplazar los retretes. A menudo los padres solicitan que haya retretes separados para los niños y las niñas.

Los niños más pequeños pueden necesitar retretes de dimensiones diferentes a los de los niños mayores y los adultos y deben tenerse en cuenta características específicas para que los retretes sean fáciles y cómodos de usar (Zomerplaag y Mooijman, 2005). Por ejemplo, las tazas turcas de las letrinas de pozo quizás tengan que ser más pequeñas y los reposapiés quizás tengan que estar más juntos para los niños más pequeños.

Los retretes deben ser seguros de usar para los niños. Hay que poner atención a que las losas de las letrinas estén bien construidas e instaladas y que las tazas turcas no sean demasiado grandes y que no representen riesgos para los niños.

5. Los retretes son de uso higiénico y fáciles de limpiar

Los retretes deben estar diseñados y construidos de forma tal que sean higiénicos de usar y no se conviertan en focos de transmisión de enfermedades. Las superficies que pueden ensuciarse deben ser lisas, a prueba de agua y construidas con un material duradero que se pueda lavar con agua y sea resistente a los productos de limpieza.

En términos de limpieza, la losa es la parte más importante del retrete; debe ser de hormigón o algún otro material resistente y liso. Las otras partes del retrete, como la superestructura, puede construirse con materiales locales más económicos.

El diseño del retrete debe incluir medidas para reducir al mínimo los olores y controlar la reproducción de moscas y mosquitos.

Algunas escuelas pueden tener huertas que pueden usarse para enseñar o producir alimentos. En estos casos, puede resultar beneficioso usar retretes de compostaje o deshidratación (retretes o baños ecológicos), para que los desechos humanos puedan utilizarse como fertilizantes y para probar esta tecnología apropiada (véase Winblad y Simpson-Hébert, 2004). En esta situación, el personal de salud ambiental local debe asesorar sobre cómo usar los retretes de compostaje o deshidratación sin generar riesgos para la salud.

6. Las instalaciones para el lavado de manos se encuentran a una distancia conveniente de los retretes

Un retrete no está completo sin una toma de agua para el lavado de manos complementada con jabón, agua y drenaje adecuado. Todos los diseños de retretes deben incluir instalaciones convenientes para el lavado de manos de modo tal que esta actividad sea sistemática para los escolares y los docentes después de ir al baño. Pueden construirse instalaciones para el lavado de manos efectivas a un costo bajo, con materiales disponibles en el ámbito local (OMS, 1997b) (véase la Directriz 3).

7. La limpieza y el mantenimiento se realizan de forma sistemática

Los retretes deben limpiarse cada vez que se ensucian y al menos una vez por día, con desinfectante en todas las superficies expuestas. No deben usarse desinfectantes fuertes en grandes cantidades, debido a que no es necesario, resulta costoso, es potencialmente peligroso y puede dañar el sistema de saneamiento. Si no se cuenta con desinfectante, puede usarse sólo agua fría y un cepillo para eliminar la suciedad visible. La limpieza de los retretes no debe considerarse como una forma de castigo.

> **Directriz 6: Control de enfermedades transmitidas por vectores**
>
> Se protege a los escolares, el personal y los visitantes contra los vectores de enfermedades.

Indicadores de la Directriz 6

1. Se reduce al mínimo la densidad de vectores en la escuela.

2. Se protege a los escolares y el personal contra los vectores potencialmente transmisores de enfermedades.

3. Se impide que los vectores entren en contacto con los escolares y el personal, al igual que las sustancias infectadas por vectores.

Notas de orientación sobre la Directriz 6

1. Se reduce al mínimo la densidad de vectores en la escuela

Los métodos apropiados y efectivos para reducir el número de vectores dependen del tipo de vector, el lugar y el número o el tamaño de los criaderos, los hábitos del vector (incluidos los lugares y las épocas en que descansan, se alimentan y pican) y la resistencia química de vectores específicos (Rozendaal, 1997). Se debe consultar al ministerio de salud local para que asesore sobre esta información.

Los métodos de control ambiental básicos: eliminación adecuada de las excretas, higiene alimentaria, drenaje, eliminación de los desechos sólidos y poda sistemática de vegetación, deben constituir la base de todas las estrategias. Las escuelas nuevas deben instalarse, en lo posible, de forma tal de evitar los riesgos de los vectores locales de enfermedades (OMS, 1997b).

Los mosquitos y las moscas pueden excluirse efectivamente de los edificios cubriendo las ventanas que se abren con mosquiteros e instalando puertas que se cierran solas hacia el exterior. Los lugares de descanso de los mosquitos en los edificios deben reducirse al mínimo, en lo posible, con el uso de acabados lisos (OMS, 2003b).

El uso de productos químicos, como la fumigación con insecticida residual, en el interior y los alrededores de la escuela requiere asesoramiento de especialistas, a los que se puede acceder a través de la autoridad local de salud ambiental (Rozendaal, 1997).

2. Se protege a los escolares y el personal contra los vectores potencialmente transmisores de enfermedades

Se puede proteger a los escolares y el personal contra algunos vectores con el uso de repelentes o barreras (por ejemplo, cubrir los recipientes que contienen alimentos para evitar la contaminación por ratas o moscas, o, en las escuelas con régimen de internado, instalar mosquiteros tratados con insecticidas sobre las camas).

3. Tratamiento de las enfermedades

Se deben identificar y tratar rápidamente los escolares y funcionarios que hayan contraído enfermedades transmitidas por vectores, como la malaria, la fiebre de Lassa y el tifus. No deben concurrir a la escuela durante el período infeccioso para que los vectores correspondientes no puedan transmitir la enfermedad a otras personas en la escuela. Además, deben realizarse inspecciones sistemáticas para detectar y combatir los piojos corporales y las pulgas.

El local de la escuela y en lo posible, los alrededores inmediatos de la escuela, deben mantenerse limpios de materia fecal para evitar que las moscas y otros vectores mecánicos transporten patógenos (OMS, 1997b).

> **Directriz 7: Limpieza y eliminación de desechos**
>
> El ambiente escolar se mantiene limpio y seguro.

Indicadores de la Directriz 7

1. Las aulas y otros espacios de enseñanza se limpian periódicamente, para reducir al mínimo el polvo y el moho.

2. Los espacios exteriores e interiores no contienen objetos punzantes ni otros materiales peligrosos.

3. A diario se recogen de las aulas, las cocinas y las oficinas los desechos sólidos y se los desecha con las precauciones de seguridad correspondientes.

4. Las aguas residuales se eliminan rápidamente y con las precauciones de seguridad correspondientes.

Notas de orientación sobre la Directriz 7

1. Las aulas y otros espacios de enseñanza se limpian periódicamente

El polvo y el moho contribuyen a las enfermedades respiratorias infecciosas, el asma y las alergias; por consiguiente, la limpieza periódica de los locales escolares es importante para la salud (OMS, 2003b).

Para limpiar los pisos y las paredes, se recomienda pasar un paño mojado en agua caliente y detergente, si hay a disposición, en lugar de barrer. Los pisos y otras superficies que se lavan deben ser de un material adecuado no poroso que sea resistente a los lavados frecuentes con agua caliente y detergentes. Si esto no es posible, debe barrerse a diario.

2. Los espacios exteriores e interiores no contienen objetos punzantes

Los escolares y el personal no deben exponerse innecesariamente a riesgos de sufrir lesiones durante el tiempo que pasan en la escuela. Esto puede evitarse con promover la eliminación adecuada de los desechos sólidos en la escuela, limpiar periódicamente todos los espacios interiores y exteriores de la escuela y vigilar e informar sobre vidrios, mobiliario u otros objetos rotos. Esto significa que las reparaciones provisionales o permanentes deben realizarse rápidamente (OMS, 1997b).

3. Los desechos sólidos se recogen y eliminan con las precauciones de seguridad correspondientes

La mayoría de los desechos sólidos producidos en las escuelas no representan peligros y pueden recogerse, almacenarse si fuese necesario y luego eliminarse en el sistema municipal de recolección de residuos, o quemarse o enterrarse en un sitio apropiado del lugar. Si los desechos se queman en el terreno de la escuela, o sus alrededores, la tarea debe realizarse mientras los escolares están ausentes (OMS, 2003b).

De los desechos producidos en los laboratorios escolares debe encargarse un técnico de laboratorio calificado o un maestro calificado de acuerdo con las directrices nacionales o internacionales. No se los debe mezclar con los desechos de las oficinas y las aulas (OMS, 2003b).

4. Las aguas residuales se eliminan rápidamente y con las precauciones de seguridad correspondientes

Las aguas residuales producidas en las escuelas pueden provenir de uno o más de los siguientes sitios: instalaciones para el lavado de manos, retretes con descarga, duchas, cocinas, lavanderías y laboratorios.

Lo ideal es que la escuela se encuentre conectada a un sistema de alcantarillado bien construido y que funcione apropiadamente. De lo contrario, deben usarse pozos o zanjas de infiltración. Éstos deben ser equipados con filtros de grasa, a los que hay que controlar semanalmente y ser limpiados, si fuese necesario, para garantizar que los sistemas funcionen correctamente. Todos los sistemas de infiltración de aguas residuales al suelo deben instalarse de manera tal de evitar contaminar las aguas subterráneas. Debe haber al menos 1,5 metros de separación entre el piso del sistema de infiltración y el nivel freático subterráneo y además el sistema debe encontrarse alejado al menos 30 metros de cualquier fuente de agua subterránea (Harvey, Baghri y Reed, 2002).

Todos los sistemas de drenaje de aguas residuales deben estar cubiertos, para evitar la reproducción y la contaminación directa de los vectores trasmisores de enfermedades.

Las aguas residuales (excluidas las que provienen de los retretes) pueden usarse para regar el jardín de la escuela, tomando las precauciones necesarias para no crear riesgos para la salud. Se debe solicitar el asesoramiento del personal de salud ambiental local sobre el uso de las aguas residuales.

> **Directriz 8: Almacenamiento y preparación de alimentos**
>
> Los alimentos para los escolares y el personal se almacenan y preparan de manera tal de reducir al mínimo el riesgo de transmisión de enfermedades.

La información que contienen los indicadores y las notas de orientación sobre la Directriz 8 ha sido extraída de OMS 2001 y OMS 2004a.

Indicadores de la Directriz 8

1. Los alimentos se manipulan y preparan con suma limpieza (las manos se lavan antes de preparar los alimentos).

2. Se evita el contacto entre los productos alimenticios crudos y los alimentos cocidos.

3. Los alimentos se cocinan completamente.

4. Los alimentos se mantienen a temperaturas adecuadas.

5. Se usa agua potable e ingredientes crudos inocuos.

Notas de orientación sobre la Directriz 8

1. Los alimentos se manipulan y preparan con suma limpieza

Quienes manipulan los alimentos deben lavarse las manos después de ir al baño y cada vez que comiencen a trabajar, cambien de tareas o retomen su labor después de una interrupción. En todo momento debe haber agua y jabón disponibles mientras se preparan y manipulan los alimentos, para garantizar que el lavado de manos resulte práctico.

Quienes manipulan alimentos deben contar con conocimientos básicos sobre la seguridad de los alimentos.

Si el personal de cocina o los cuidadores presentan resfrío, gripe, diarrea, vómitos o infecciones de piel o garganta, o han sufrido de diarrea y vómitos en las últimas 48 horas, no deben manipular alimentos a menos que estén empaquetados. Se debe informar sobre cualquier infección que se presente y no se debe penalizar al personal enfermo por hacerlo.

Los utensilios de comer deben lavarse con agua caliente y detergente inmediatamente después de usados y luego dejar que se sequen al aire. Cuanto más rápido se limpien los utensilios, más fácil será lavarlos. No deben usarse paños de cocina para secarlos, dado que pueden propagar contaminación.

Las instalaciones de preparación de alimentos deben mantenerse meticulosamente limpias. Las superficies utilizadas para preparación de los alimentos se deben lavar con detergente y agua potable y luego se deben enjuagar, o se les debe pasar un paño limpio que se lave frecuentemente. Las sobras de comida deben desecharse rápidamente, debido a que constituyen depósitos potenciales de bacterias y pueden atraer insectos y roedores. Los residuos deben mantenerse en cubos de basura cubiertos y se los debe desechar rápidamente con las precauciones de seguridad correspondientes. Véase la Directriz 7.

Se deben proteger los alimentos de los insectos, roedores y otros animales, que frecuentemente transportan organismos patógenos y representan una fuente potencial de contaminación de los alimentos. Véase la Directriz 6.

En muchas situaciones, los escolares llevan la comida de su casa a la escuela. En estos casos, el comité de higiene escolar o un órgano equivalente debe trabajar con las familias de los escolares para garantizar que preparen los alimentos higiénicamente y eviten alimentos con alto riesgo si se los almacena a temperatura ambiente.

Los alimentos que compran los niños a vendedores ambulantes o en cafeterías pueden no ser inocuos. Las autoridades escolares deben procurar soluciones locales para proteger a los escolares contra las enfermedades que provienen de estas fuentes. Las medidas pueden incluir:

- recomendar a los niños que no compren alimentos a estos vendedores,
- prohibir a los vendedores vender alimentos en las cercanías de las escuelas, o recomendarles que mejoren la higiene de los alimentos que venden y controlar que lo hagan.

2. Se evita el contacto entre los productos alimenticios crudos y los alimentos cocidos

Se deben usar equipos y utensilios separados (por ejemplo, cuchillos y tablas de cortar) para manipular alimentos crudos o se los debe lavar y desinfectar al comenzar a manipular alimentos cocidos.

Los alimentos deben almacenarse en recipientes para evitar el contacto entre los productos crudos y los preparados.

Resulta particularmente importante separar la carne cruda de vacunos, aves y pescados de otros alimentos.

3. Los alimentos se cocinan completamente

Todas las partes de los alimentos cocidos deben alcanzar los 70 grados centígrados para eliminar los microorganismos peligrosos. Para ello, las sopas y los estofados deben llevarse a hervor y la carne debe calentarse hasta que los jugos pierdan el color rojizo.

Los alimentos cocidos deben recalentarse completamente hasta que humeen.

4. Los alimentos se mantienen a temperaturas adecuadas

Los alimentos cocidos deberán mantenerse calientes (a más de 60 grados centígrados) antes de servirlos.

Los alimentos cocidos y los perecederos no deben dejarse a temperatura ambiente por más de dos horas y se los debe preparar o adquirir frescos todos los días. Toda la comida debe permanecer cubierta para protegerla contra las moscas y el polvo.

5. Se usa agua potable e ingredientes crudos inocuos

Para preparar alimentos, lavarse las manos y limpiar debe emplearse solamente agua potable. Para ver las especificaciones sobre el agua potable, véase la Directriz 1.

Las frutas y las verduras deben lavarse con agua potable. Si existe alguna duda sobre la limpieza de las frutas y verduras crudas, se las debe pelar justo antes de servir, o bien cocinar.

Los alimentos no perecederos deben almacenarse con precaución en un lugar cerrado, seco y bien ventilado y se los debe proteger contra roedores e insectos. No se los debe almacenar junto a pesticidas, desinfectantes u otros productos químicos tóxicos. Los recipientes que previamente contuvieron productos químicos tóxicos no deben usarse para almacenar productos alimenticios.

La comida comprada no debe usarse después de su fecha de vencimiento.

5. Lista de verificación para evaluaciones

5.1. Suministro de agua, saneamiento e higiene en escuelas

A continuación se presenta una lista de verificación compuesta por una serie de preguntas de evaluación sobre cada una de las directrices mencionadas en la Sección 4. Los números en la lista de verificación corresponden a las notas de orientación proporcionadas para cada directriz.

La lista de verificación ha sido diseñada para medir el grado en el que se cumplen las directrices y para detectar áreas de acción prioritarias. Al responder las preguntas de la lista de verificación, puede resultar útil para los usuarios consultar los indicadores cualitativos y cuantitativos que figuran en la directriz correspondiente. Las respuestas a las preguntas pueden ser: "Sí", "No" o "No se aplica". Una respuesta negativa a una pregunta debe alertar al evaluador para que tome las medidas correctivas necesarias, ya sea en el diseño y la construcción de las instalaciones o en su operación y mantenimiento. Pueden encontrarse recomendaciones sobre las medidas para tomar en las notas de orientación que aparecen debajo de cada directriz en la Sección 4.

Directriz 1: Calidad del agua

El agua para beber, cocinar, higiene personal, limpiar y lavar ropa es apta para el uso que se le da.

	Diseño y construcción	Operación y mantenimiento
1	• ¿El agua proviene de una fuente inocua (no contiene contaminación fecal)? • ¿Se evita contaminar el agua durante el transporte desde la fuente y dentro de la escuela?	• ¿Se controla la pureza de la fuente de agua periódicamente? • ¿La calidad del agua que abastece la escuela se controla periódicamente? • ¿Las instalaciones para almacenar, distribuir y usar agua en la escuela se mantienen adecuadamente para evitar la contaminación?
2	• Si fuese necesario, ¿se podría tratar el agua en la escuela?	• Si se trata el agua en la escuela, ¿el proceso de tratamiento se lleva a cabo de forma efectiva? • ¿Hay suficientes suministros y personal adecuadamente capacitado para tratar el agua?
3	• ¿El sistema de abastecimiento de agua cumple las directrices de la OMS o las normas nacionales relativas a los productos químicos o los parámetros radiológicos?	• En caso necesario, ¿hay medidas establecidas para evitar la exposición excesiva de los niños susceptibles a los contaminantes químicos?
4	• ¿El agua es aceptable en términos de su olor, sabor y apariencia?	• Si el agua no es aceptable para algunos o todos los escolares y el personal, ¿recurren a una fuente alternativa de agua potable?
5	¿El sistema de abastecimiento de agua de la escuela está diseñado y construido para que no ingrese agua de baja calidad en el suministro de agua para bebida y no se pueda beber?	¿Se respetan sistemáticamente los procedimientos para proteger el agua para bebida en la escuela?

Directriz 2: Cantidad del agua

En todo momento hay suficiente cantidad de agua para beber, higiene personal, preparar alimentos, limpiar y lavar ropa.

	Diseño y construcción	Operación y mantenimiento
1	• ¿El sistema de abastecimiento de agua tiene la capacidad adecuada? • ¿Hay un sistema de abastecimiento de agua alternativo adecuado en caso de necesidad?	• ¿En todo momento hay suficiente cantidad de agua disponible para satisfacer todas las necesidades? • ¿El sistema de abastecimiento de agua se opera y mantiene de forma tal de evitar desperdiciar agua?

Directriz 3: Instalaciones de abastecimiento de agua y acceso al agua

La escuela dispone de suficientes instalaciones y tomas de agua para que sea fácil acceder y utilizar agua para beber, higiene personal, preparar alimentos, limpiar y lavar ropa.

	Diseño y construcción	Operación y mantenimiento
1	• ¿Hay suficientes tomas de agua en los lugares adecuados para todas las necesidades (agua de beber, lavado de manos, limpieza anal, lavado de ropa y limpieza)?	• ¿Se puede acceder en todo momento al agua en los lugares que se la necesita? • ¿Siempre hay jabón o una alternativa adecuada en los espacios para lavarse las manos?
2	• ¿Hay suficientes tomas de agua segura para bebida y claramente identificadas? • ¿Hay tomas de agua para el personal y los niños discapacitados?	• ¿Las tomas de agua para bebida se usan correctamente y están debidamente mantenidas? • ¿Las tomas de agua para el personal y los escolares son de fácil acceso, se las usa correctamente y están debidamente mantenidas?
3	• En las escuelas con régimen de internado, ¿hay suficientes duchas u otros lugares para el baño personal?	• ¿Las duchas se utilizan correctamente y están debidamente mantenidas?
4	• En las escuelas con régimen de internado, ¿hay suficientes instalaciones de lavado de ropa?	• ¿Las instalaciones de lavado de ropa se utilizan correctamente y están debidamente mantenidas?

Directriz 4: Promoción de higiene

El uso y el mantenimiento correctos de las instalaciones de agua y saneamiento se garantiza con la promoción permanente de la higiene. instalaciones de agua y saneamiento se usan como recursos para mejorar los hábitos de higiene.

	Diseño y construcción	Operación y mantenimiento
1	• ¿La educación en higiene forma parte del programa escolar? • ¿El personal está capacitado para impartir educación en higiene?	• ¿Se imparte realmente educación en higiene? • ¿Se utilizan efectivamente los métodos de educación en higiene?
2	• ¿Se identifica claramente y apoya a los responsables de promover la higiene en la escuela?	• ¿La higiene se promueve sistemáticamente? • ¿Los escolares participan activamente en mantener la higiene? • ¿El personal constituye un modelo de conducta en cuanto a los hábitos de higiene?
3	• ¿Las instalaciones de la escuela están diseñadas para que sean fáciles e higiénicas de usar y mantener? • ¿Los escolares saben cómo usar las instalaciones correctamente?	• ¿Las instalaciones escolares se mantienen para que sea fácil usarlas higiénicamente? • ¿Se ha enseñado a los niños cómo usar correctamente los retretes y las tomas de agua y cómo lavarse las manos correctamente?

Directriz 5: Instalaciones de saneamiento

La escuela dispone de suficientes retretes accesibles, privados, seguros, limpios y culturalmente apropiados para los escolares y el personal.

	Diseño y construcción	Operación y mantenimiento
1	• ¿Hay suficientes retretes en la escuela para las niñas, los niños y los docentes? • ¿Se encuentran en módulos sanitarios separados por género?	• ¿Hay suficientes retretes realmente en uso?
2	• ¿Los retretes están instalados en el lugar adecuado?	• ¿Los caminos de acceso se mantienen en buen estado?
3	• ¿Los retretes ofrecen privacidad y seguridad? • ¿Son seguros de usar?	• ¿Funcionan los cerrojos en las puertas de los retretes y las luces?
4	• ¿Los retretes son adecuados para la cultura local y las condiciones sociales, el género y la edad de los niños? • ¿Son apropiados y accesibles para los niños con discapacidades? • ¿Hay un cubículo al que puedan acceder las mujeres y niñas con discapacidades y uno para los hombres y niños con discapacidades?	• ¿Los retretes se usan correctamente? • ¿Hay suficientes retretes para cada género y las personas con discapacidades?
5	• ¿Los retretes son de uso higiénico y fáciles de limpiar?	• ¿Hay material de limpieza anal disponible en todo momento? • ¿Los retretes están limpios y no tienen demasiado olor? • ¿Se combaten las moscas y otros insectos?
6	• ¿Hay instalaciones para el lavado de manos cerca?	• ¿Hay agua y jabón a disposición?
7	• ¿Hay un programa de limpieza y mantenimiento?	• ¿Hay un programa periódico de limpieza y mantenimiento efectivos en funcionamiento?

Directriz 6: Control de enfermedades transmitidas por vectores

Se protege a los escolares, el personal y los visitantes contra los vectores de enfermedades.

	Diseño y construcción	Operación y mantenimiento
1	• ¿El lugar donde se encuentra la escuela está protegido contra los vectores de enfermedades? • ¿Los edificios escolares están diseñados y construidos de forma tal que excluyan a los vectores de enfermedades?	• ¿Los sitios de reproducción de los vectores locales se evitan o mantienen bajo control? • ¿Las medidas de protección incorporadas se usan y mantienen efectivamente? • ¿Se usan barreras o repelentes para combatir la exposición a los vectores?
2		• ¿Los escolares y el personal con enfermedades transmitidas por vectores permanecen en sus hogares y reciben tratamiento rápidamente? • ¿Hay inspecciones periódicas para detectar y combatir los piojos corporales y las pulgas? • ¿Los terrenos de la escuela se mantienen limpios de materia fecal? • ¿La vegetación excesiva se poda periódicamente?

Directriz 7: Limpieza y eliminación de desechos

El ambiente escolar se mantiene limpio y seguro.

	Diseño y construcción	Operación y mantenimiento
1	• ¿Los pisos son lisos y fáciles de limpiar? • ¿Los edificios están diseñados y construidos para evitar la humedad y el moho?	• ¿Los espacios de enseñanza se limpian periódicamente? • ¿Los espacios de enseñanza están limpios?
2	• ¿Los edificios están diseñados y construidos para reducir al mínimo los peligros físicos?	• ¿Los locales escolares no contienen objetos punzantes y otros materiales peligrosos?
3	• ¿Hay cestos de basura adecuados y otros equipos para gestionar los desechos sólidos?	• ¿Los desechos sólidos se recogen y eliminan a diario con las precauciones de seguridad correspondientes? • ¿Los desechos peligrosos se manejan adecuadamente?
4	• ¿El sistema de drenaje de aguas residuales está correctamente diseñado y construido?	• ¿El sistema de drenaje de aguas residuales se usa correctamente y está debidamente mantenido?

Directriz 8: Almacenamiento y preparación de alimentos

Los alimentos para los escolares y el personal se almacenan y preparan de manera tal de reducir al mínimo el riesgo de transmisión de enfermedades.

	Diseño y construcción	**Operación y mantenimiento**
1	• ¿Los espacios donde se almacenan y preparan alimentos están diseñados y construidos para que sea fácil mantenerlos limpios? • ¿Hay un lugar para lavarse las manos en el área de cocina?	• ¿Quiénes manipulan los alimentos se lavan las manos cada vez que es necesario? • ¿Los espacios para almacenar y preparar alimentos se mantienen limpios? • ¿Los espacios para almacenar y preparar alimentos se protegen contra insectos y roedores? • ¿Se puede obtener agua donde se la necesita en cualquier momento?
2	• ¿Se ofrecen instalaciones y equipos para evitar el contacto entre los productos alimenticios cocidos y los crudos?	• ¿Se previene el contacto entre los productos alimenticios crudos y los alimentos cocidos?
3	• ¿Las instalaciones para cocinar son adecuadas para calentar suficientemente los alimentos?	• ¿Los alimentos se cocinan completamente?
4	• Si se almacena comida cocida, ¿hay un refrigerador en la escuela para este fin?	• ¿Los alimentos se mantienen a temperaturas adecuadas?
5	• Si se almacenan alimentos secos en la escuela, ¿el lugar de almacenamiento es apropiado?	• ¿Sólo se usa agua potable e ingredientes inocuos?

Glosario

Coagulación-floculación Aglomeración de partículas en el agua que hace que las impurezas se asienten. Puede ser inducida por coagulantes, por ejemplo cal con sulfato de aluminio y sales de hierro. La floculación en el tratamiento del agua de consumo y el agua residual es la aglomeración o aglutinación de partículas coloidales en suspensión después de la coagulación, lo cual se logra revolviendo el agua suavemente (por medios mecánicos o hidráulicos), para separar esas partículas del agua.

Coliformes termotolerantes o coliformes fecales En relación con los indicadores de calidad del agua, son las bacterias del grupo de los coliformes capaces de formar colonias a 44° C. Típicamente, la mayoría de las bacterias termotolerantes pertenecen a la especie Escherichia Coli, que siempre procede de las heces.

Comparador colorimétrico Equipo utilizado para medir un parámetro químico (como el nivel de cloro en el agua) mediante el agregado de un reactivo específico (por ejemplo, DPD) a la muestra y la comparación del color obtenido con una escala de colores.

Desinfección El proceso de eliminar o desactivar microorganismos sin una esterilización completa.

DPD (N,N-dietil-p-fenilenediamina) Un reactivo utilizado para determinar los niveles de cloro en el agua por comparación colorimétrica.

Pozo de infiltración	Es una simple excavación en la tierra, revestida o rellena de piedras, que permite que el agua penetre en el suelo circundante.
Sedimentación	El acto o proceso por el cual las partículas suspendidas en el agua se depositan en el fondo. El término también se refiere al proceso por el cual los sólidos se sedimentan (por gravedad) y se remueven de las aguas residuales durante el tratamiento.
Turbiedad	Es la nebulosidad del agua causada por partículas en suspensión, lo que hace menos efectiva la desinfección química. Generalmente la turbiedad se mide en unidades nefelométricas de turbiedad (UNT) y puede determinarse visualmente con equipos sencillos.
Zanja de infiltración	Una zanja llana que contiene grava y una tubería permeable para permitir la penetración del agua en el suelo. Tiene por tanto una mayor capacidad de infiltración que un pozo de infiltración.

Referencias

En "Guía práctica del Banco Mundial sobre higiene, saneamiento y agua en las escuelas" se pueden encontrar más documentos con consejos prácticos sobre diversos aspectos del agua, el saneamiento y la higiene en las escuelas. Este sitio también contiene vínculos a otros sitios que ofrecen información sobre el tema. www.schoolsanitation.org

ACNUR (Alto Comisionado de las Naciones Unidas para los Refugiados) (2007). Safe schools and learning environment (en colaboración con el Comité Internacional de Rescate). Disponible en http://unhcr.org/4677981a2.html

AEMA/OMS (Agencia Europea del Medio Ambiente/Organización Mundial de la Salud) (2002). Children's health and environment: a review of evidence. Oficina de publicaciones oficiales de las Comunidades Europeas, Luxemburgo. Disponible en www.who.int/phe/health_topics/children/en/index.html.

Brikké F. y Bredero M. (2003). Linking technology choice with operation and maintenance in the context of community water supply and sanitation: a reference document for planners and project staff. Organización Mundial de la Salud, Ginebra / IRC - Centro Internacional de Agua y Saneamiento, Delft. Disponible en www.who.int/water_sanitation_health/hygiene/om/.

DeGabriele J., Keast G. y Msukwa C. (2004). Evaluation of the Strategic Sanitation and Hygiene Promotion for Schools Pilot Projects in Nkhata Bay and Kasungu Districts. Fondo de las Naciones Unidas para la Infancia, Nueva York. Disponible en www.unicef.org/evaldatabase.

Deverill P.A. y Still D.A. (1998) Building School VIPs: Guidelines for the design and construction of ventilated improved pit toilets and associated facilities for schools. Partners in Development, Pietermaritzburg, Sudáfrica.

Franceys R., Pickford J. y Reed R. (1992). A guide to the development of on-site sanitation. Organización Mundial de la Salud, Ginebra.

Harvey P., Baghri S. y Reed R. (2002). Emergency sanitation: assessment and programme design. Water, Engineering and Development Centre, Loughborough, Reino Unido. Disponible en www.crid.or.cr/cd/cd_agua/pdf/eng/doc14616/doc14616.htm.

Jones H.E. y Reed R.A. (2005). Water and sanitation for disabled people and other vulnerable groups: designing services to improve accessibility. Water, Engineering and Development Centre, Universidad de Loughborough, Reino Unido. Disponible:
http://wedc.lboro.ac.uk/docs/research/WEJFK/Cambodia_WEDC_watsan_for_disabled_report.pdf .

OMS (Organización Mundial de la Salud) (1997a). Guidelines for drinking-water quality, 2ª ed., Vol. III, Surveillance and control of community supplies. OMS, Ginebra. Disponible en www.who.int/water_sanitation_health/dwq/.

OMS (Organización Mundial de la Salud) (1997b). Primary school physical environment and health. Information Series on School Health, Documento 2. OMS, Ginebra.

OMS (Organización Mundial de la Salud) (2001). Five keys to safer food. Afiche OMS/SDE/PHE/FOS/01. OMS, Ginebra. Disponible en www.who.int/foodsafety/consumer/en.

OMS (Organización Mundial de la Salud) (2002). Managing water in the home: accelerated health gains from improved water supply. OMS/SDE/WSH/02.07. OMS, Ginebra. Disponible en www.who.int/entity/water_sanitation_health/dwq/wsh0207/en and

OMS (Organización Mundial de la Salud) (2003a). Skills for health, skills-based health education including life skills: an important component of a child-friendly/health-promoting school. Information Series on School Health, Documento 9. OMS, Ginebra. Disponible en www.who.int/school_youth_health/resources/en/.

OMS (Organización Mundial de la Salud) (2003b). The physical school environment: an essential component of a health-promoting school. Information Series on School Health, Documento 2. OMS, Ginebra. Disponible en www.who.int/school_youth_health/resources/en/.

OMS (Organización Mundial de la Salud) (2004a). First adapt then act! A booklet to promote safer food in diverse settings. SEA-EH-546. Oficina Regional de la OMS para Asia Sudoriental, Nueva Delhi. Disponible en www.who.int/foodsafety/consumer/5keys/en/.

OMS (Organización Mundial de la Salud) (2004b). Guidelines for drinking-water quality, 3ª ed. Vol.1, Recommendations. OMS, Ginebra. Disponible en www.who.int/water_sanitation_health/dwq/.

OMS (Organización Mundial de la Salud) (2004c). Water, sanitation and hygiene links to health. Facts and figures. OMS, Ginebra. Disponible en www.who.int/water_sanitation_health/publications/facts2004/en/index.html.

OMS (Organización Mundial de la Salud) (2004). Evaluation of the costs and benefits of water and sanitation improvements at the global level. OMS, Ginebra. Disponible en www.who.int/water_sanitation_health/wsh0404/en/index.html.

PMA/UNESCO/OMS (Programa Mundial de Alimentos / Organización de las Naciones Unidas para la Educación, la Ciencia y la Cultura / Organización Mundial de la Salud) (1999). School feeding handbook. PMA, Roma.

Reed R.A. y Shaw R. (2008). Sanitation for primary schools in Africa. Water, Engineering and Development Centre, Universidad de Loughborough, Reino Unido. Disponible en: http://www.flowman.nl/wedcschoolsanitation20081007.pdf

Rozendaal J.A. (1997). Vector control: methods for use by individuals and communities. Organización Mundial de la Salud, Ginebra. Disponible en www.who.int/.

Snel M., Shordt K. y Mooijman A., ed. (2004). School sanitation and hygiene education. Symposium proceedings and framework for action. IRC – Centro Internacional de Agua y Saneamiento, Delft. Disponible en www.irc.nl.

UNESCO (Organización de las Naciones Unidas para la Educación, la Ciencia y la Cultura) (2000): The Dakar Framework for Action. Education for all: meeting our collective commitments. UNESCO, París. Disponible en www.unesco.org

UNICEF (Fondo de las Naciones Unidas para la Infancia) (1998). A manual on school sanitation and hygiene. Water, Environment and Sanitation Technical Guidelines, Serie No. 5. Nueva York. Disponible en www.irc.nl/.

UNICEF (Fondo de las Naciones Unidas para la Infancia) (2004). Life skills-based hygiene education. Disponible en: www.irc.nl/content/download/11504/168690/file/life_skills.pdf

UNICEF/IRC (Fondo de las Naciones Unidas para la Infancia / Centro Internacional de Agua y Saneamiento) (2005). Child friendly hygiene and sanitation facilities in schools. Disponible en: http://www.irc.nl/page/9587.

UNICEF/IRC (Fondo de las Naciones Unidas para la Infancia / Centro Internacional de Agua y Saneamiento) (2007). Towards effective programming for WASH in schools. Serie n° 48 de documentos técnicos. Disponible en: www.irc.nl/page/37479.

UNICEF/IRC/BM (Fondo de las Naciones Unidas para la Infancia / Centro Internacional de Agua y Saneamiento / Banco Mundial) (2005). Toolkit on hygiene, sanitation and water in schools. .

WSSCC (Consejo de Colaboración para el Abastecimiento de Agua y Saneamiento) (2000). Vision 21: A shared vision for hygiene, sanitation and water supply and a framework for action. Actas del Segundo Foro Mundial del Agua, La Haya, 17 al 22 de marzo. Ginebra.

Winblad U., Simpson-Hébert M., ed.(2004). Ecological sanitation — edición corregida y ampliada. Estocolmo, Instituto del Medio Ambiente de Estocolmo. Disponible en www.ecosanres.org/pdf_files/Ecological_Sanitation_2004.pdf.

Zomerplaag J. y Mooijman A. (2005). Child-friendly hygiene and sanitation facilities in schools: indispensable to effective hygiene education. Serie n° 47 de documentos técnicos. IRC – Centro Internacional de Agua y Saneamiento, Delft, y Fondo de las Naciones Unidas para la Infancia, Nueva York. Disponible en: http://www.irc.nl/